BIBLIOTHÈQUE INSTRUCTIVE

# LE LIÈGE

## ET SES APPLICATIONS

8817-87. — Corbeil. Typ. et Stér. Crété.

BIBLIOTHÈQUE INSTRUCTIVE

# LE LIÈGE

## ET SES APPLICATIONS

PAR

HENRY DE GRAFFIGNY

OUVRAGE ILLUSTRÉ DE 50 GRAVURES

**Dessinées par l'auteur**

PARIS

LIBRAIRIE FURNE

JOUVET ET Cie, ÉDITEURS

5, RUE PALATINE, 5

M DCCC LXXXVIII

# LE LIÈGE

## ET SES APPLICATIONS

---

## CHAPITRE PREMIER

### CE QUE C'EST QUE LE LIÈGE.

Tout le monde connaît le liège, dans l'une ou l'autre de ses multiples applications, — tout au moins dans son utilisation la plus importante, la fabrication des bouchons. — Chacun sait que c'est l'écorce d'un arbre, d'une espèce de chêne, appelé à cause de cela *chêne-liège;* mais là s'arrêtent les connaissances du plus grand nombre, et, à moins d'être né dans l'une des contrées où la culture des forêts de chênes-liège constitue la principale ressource et la richesse du pays, ou d'appartenir à une industrie qui met ce végétal en œuvre, on ignore, en général, les procédés employés pour obtenir le liège sous une forme industrielle et marchande, et les multiples travaux auxquels donne lieu sa transformation en objets usuels.

Le liège étant un corps dont l'emploi s'étend de jour en jour, et une substance dont l'utilité dans mille besoins de la vie courante est incontestable, il m'a paru intéressant de réunir dans une étude complète tout ce qui se rapporte à cette branche de l'industrie humaine. Jusqu'à présent, et à part les brochures de quelques sylviculteurs praticiens et les articles de M. Arthur Good publiés sur cette matière, aucun auteur n'a vulgarisé l'histoire du liège et de ses innombrables applications. Nous croyons donc, en comblant cette lacune, rendre quelque peu service aux chercheurs et aux curieux, en donnant, sous un aspect aussi attrayant que possible, tous les renseignements recueillis sur ce produit végétal, objet d'un commerce et d'un travail considérables.

Cela dit, nous passerons de suite à l'examen de la nature du liège et à l'étude de la composition de ce corps.

Le nom de *liège* qui a été appliqué à cette substance vient, d'après les étymologistes les plus autorisés, du mot latin *levis*, qui signifie, en bon français et à proprement parler, *léger*. Il y a une grande ressemblance, comme on peut le constater, entre ces deux mots, et la légèreté étant l'un des principaux caractères, une des plus frappantes propriétés à première vue du liège, il est plus que probable que cette étymologie est exacte. — Nous n'insisterons pas.

Donc, le liège est l'écorce d'une espèce particulière de chêne qui croît dans le midi de l'Europe, où il forme des forêts entières. C'est une variété particulière du chêne vert, commun dans nos bois de France. Depuis qu'on s'est aperçu des qualités de son écorce, on le cultive avec soin et on l'entretient en Espagne, en Portugal, en Sardaigne et en Sicile, mais c'est dans notre pays, notamment dans notre colonie algérienne, que l'on rencontre le plus grand nombre de semblables forêts. On trouve bien, dans les départements du Tarn, du Lot-et-Garonne, des Pyrénées-Orientales, du Var et en Corse, de magnifiques plantations de chênes-liège, mais rien n'égale la splendeur des immenses forêts qui recouvrent des districts entiers d'Algérie, et sont l'un des plus importants produits de son sol.

Un certain nombre d'arbres, tels que le cerisier, le bouleau, l'orme, le platane, l'érable, produisent bien du liège, mais c'est en couches si minces que cette écorce subéreuse ne peut être l'objet d'aucune exploitation commerciale. Au Brésil, la moelle de la *Pourretia tuberculata* de la famille des broméliacées, et l'écorce d'un arbre appartenant aux *Bignoniées*, donnent aussi une espèce de liège semblable à celui de l'*euphorbe balsamique* des îles Canaries, mais aucune de ces matières n'est susceptible d'un emploi sérieux.

Deux variétés de chênes : le chêne-liège (*quercus suber*), qui croît dans le bassin de la Méditerannée, et le chêne occidental (*quercus occidentalis*), qui croît en Gascogne, se partagent le monopole de la production du liège, en couches assez épaisses pour pouvoir être pratiquement utilisées. Mais le liège naturel qu'ils fournissent et qui porte le nom de *liège mâle* ou *liège vierge*, ne possède, quelle que soit son épaisseur, qu'une valeur commerciale bien faible, et c'est seulement après qu'il a été amélioré par la culture que nous le voyons travaillé et mis en œuvre par divers manufacturiers. Un objet quelconque en liège, un bouchon par exemple, sera donc un produit doublement industriel, d'abord comme substance dont les qualités ont été augmentées par des procédés de culture et de récolte perfectionnés, ensuite comme objet manufacturé, soit par la main de l'homme, soit par une machine. C'est pourquoi, avant de passer en revue les applications du liège transformé par le travail en objets divers, nous étudierons d'abord la façon dont on cultive et dont on récolte cette substance, ainsi que le traitement préparatoire qu'elle doit subir avant d'être travaillée industriellement.

Le chêne-liège est avant tout un arbre robuste, d'une vitalité et d'une longévité véritablement extraordinaires. Il n'est pas rare d'en rencontrer en Algérie qui atteignent 2 mètres de circonférence et 20 mètres de hauteur. Comme on le voit, ce sont des végétaux de grosseur respectable, quoiqu'au-dessous encore de la taille atteinte par quelques chênes verts historiques, comme le chêne des Partisans et le Chêne-Henri dans les forêts des Vosges, près de Vittel. De plus, le chêne-liège est fortement enraciné, ce qui lui permet de résister aux vents les plus violents — aux plus terribles des enfants que le Nord porte dans ses flancs, aurait dit Lafontaine, — et qui en Algérie sont le sirocco, et en Provence le mistral. Quoique ne pliant pas plus que le chêne de la fable, il rompt moins souvent, quelle que soit la fureur de Borée ou d'Eole. Enfin, il n'est pas rare de rencontrer de ces arbres qui ont plusieurs siècles d'existence.

Le chêne-liège, à tous points de vue, est un arbre précieux ; son fruit, comestible, est recueilli dans nombre de pays et mangé comme la châtaigne ou la faîne (quelques industriels recueillent même, comme on le verra au cours de ce livre, cette espèce de glands qui, torréfiés et bouillis, donnent un liquide brunâtre que l'on vend sous le nom de *café de glands doux*); son écorce intérieure ou *liber* est le *tan*, qui sert pour la préparation des peaux et leur transformation en cuir, et est utilisé, après épuisement complet de son principe actif ou *tannin*, comme combustible (appelé vulgairement *poussier de mottes*); son épiderme donne le liège; enfin, son aubier est un bois lourd et compact, qui, s'il est facilement putrescible et difficile à travailler, présente du moins la qualité d'être un excellent combustible et de produire un charbon de bois de qualité supérieure. Mais nous n'insisterons pas sur les nombreuses qualités de cette espèce de chêne; c'est de son seul épiderme qu'il est question ici et nous y reviendrons de suite.

L'écorce du chêne-liège se compose de deux couches concentriques distinctes : 1° une zone intérieure qui est la partie active de l'écorce et est formée de l'*enveloppe herbacée*, du *liber* et du *mésoderme*, 2° une zone extérieure plus épaisse que la précédente, comprenant l'*épiderme*, la *couche subéreuse* et l'*endoderme* et composée d'une matière spongieuse, légère et compressible, peu perméable aux liquides et constituant le *liège* proprement dit. Partout où le liber, la couche intérieure à laquelle les liégeurs ont donné le nom de *lard* ou *mère*, vient à être détruite sur le corps de l'arbre, il n'y a plus formation ni d'écorce ni de bois; une décortication, même sur une faible hauteur, qui ferait tout le tour de l'arbre, le ferait périr infailliblement. La deuxième couche, au contraire (celle du liège), est une enveloppe inerte et ne concourt pas, comme la précédente, aux fonctions actives de la végétation; c'est ce qui explique comment on peut, sans compromettre l'existence du chêne-liège, le dépouiller d'une partie de son enveloppe corticale extérieure.

D'après les forestiers et les sylviculteurs compétents, l'*enveloppe herbacée* concourt seule à la formation du liège. Le mésoderme fait partie intégrante de la couche subéreuse et se forme avec elle. La matière subéreuse ou liège, d'abord molle et jaune comme

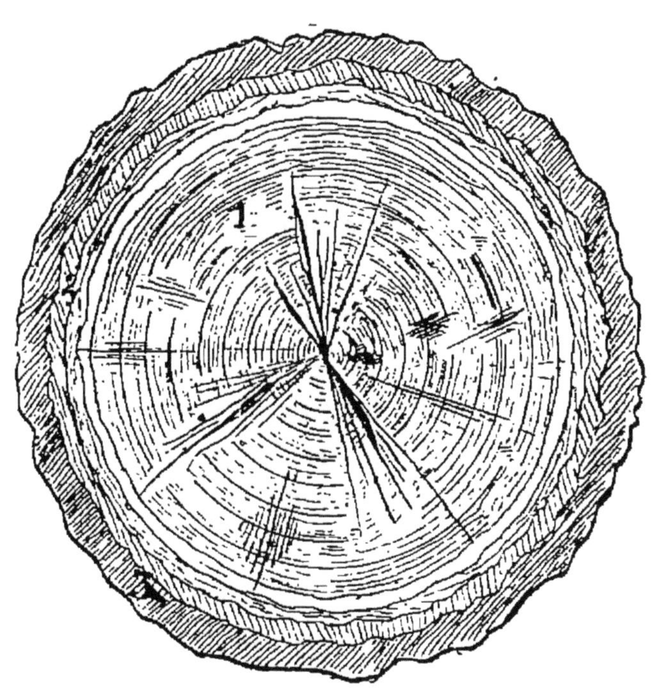


Coupe d'un chêne-liège. — 1, aubier; 2, enveloppe herbacée, liber ou mère; 3, liège, ou écorce.

de la cire, se produit sous forme de bourgeons qui se soudent et s'agglomèrent à mesure que le chêne vieillit; elle ne devient souple et élastique qu'après sa dessiccation. Elle est le résultat d'une sécrétion extérieure de l'enveloppe herbacée, ayant lieu irrégulièrement sur toute la circonférence de l'arbre, et constitue un corps inerte dans les couches corticales.

Lorsqu'on a soin, lors du premier écorçage, de laisser intacte la zone intérieure du chêne-liège, la *mère* en un mot, cette partie de l'écorce a la propriété fort précieuse de pouvoir reformer chaque année de nouvelles couches de liège qui seront enlevées à leur tour lorsqu'elles auront acquis l'épaisseur convenable, 22 à 28 millimètres, et donneront le liège du commerce appelé *liège femelle* ou de reproduction.

Le liège mâle est donc la première croûte, la première écorce qui pousse naturellement sur le chêne. Il n'est susceptible que d'un petit nombre d'applications, en raison de sa grossièreté, des profondes fissures qui le crevassent et de son peu d'élasticité. En général, il est employé sur place et vendu dans le pays où on le récolte. Il sert à faire des chapelets pour les filets de pêcheurs, des conduites d'eau, des décorations rustiques pour les parcs et les jardins. En Algérie, on en fait des ruches pour les abeilles, des tuiles grossières pour la couverture des maisons, et des tablettes pour préserver différents objets de l'humidité. Les Kabyles l'emploient, mélangé à un mortier d'argile, pour en élever les murs de leurs rustiques et primitives demeures ; enfin les copeaux réduits en fragments menus sont utilisés dans diverses industries, concurremment avec les rognures de bouchons. Ces copeaux sont notamment employés pour les pistes de cirques, de manèges et d'hippodromes, et plus d'un écuyer malheureux a pu en apprécier la molle élasticité.

Le liège femelle ou de reproduction, qui est le véritable liège du commerce, présente plusieurs propriétés et qualités qui le rendent précieux à plus d'un titre.

Il est mauvais conducteur de la chaleur et du son, imperméable aux liquides et aux gaz (jusqu'à un certain point, comme on le verra plus loin); il est léger, élastique, incorruptible, et toutes ces qualités réunies lui font trouver chaque jour de nouvelles applications.

Ainsi, non seulement on en fait des fermetures de bouteilles solides, légères et hermétiques, mais encore des objets de mode, de toilette, de papeterie et des bibelots de tous genres. Sa légèreté l'a fait adopter pour la fabrication des appareils insubmersibles, corsets de sauvetage et ceintures de natation. Sa faible conductibilité du son l'a fait choisir pour le revêtement intérieur des logettes de téléphones, des ateliers de couture, des chambres de malades; enfin ses déchets, jusqu'aux plus minimes, sont utilisés, soit comme poudres d'emballages, soit comme agglomérés, ou comme matière première de tapis magnifiques (linoleum et linoburgau), ou comme noir de fumée fin.

Nous disions tout à l'heure que le liège n'était imperméable que jusqu'à un certain point. L'anecdote suivante, absolument authentique et de date encore récente, en est la meilleure preuve :

Jusqu'à ces dernières années, les riverains du lac de Constance prétendirent que, soumis à une certaine pression, le verre devenait poreux, et ils donnaient à cette assertion la preuve suivante. Ils prenaient une bouteille épaisse et solide, de celles dites *champenoises*, avec lesquelles les vignerons marnais cassent de noueux échalas, la bouchaient d'un solide bouchon de liège refoulé par force dans le goulot, et, pour plus de sûreté, ils trempaient le goulot dans de la cire d'Espagne

Expérience faite sur le degré de porosité du liège, au lac de Constance.

fondue. La bouteille ainsi préparée, ils la descendaient au moyen d'une corde, après l'avoir lestée d'un poids suffisant, et la laissaient séjourner pendant quelques heures, dans les eaux du lac, à 60 ou 100 mètres de profondeur.

Lorsqu'ensuite on remontait la bouteille, on constatait avec surprise que, quoique la cire et le bouchon n'eussent aucunement changé d'aspect, la bouteille était à demi pleine d'eau. Il fallait donc que cette eau eût passé à travers le verre, car il était impossible d'admettre que ce fût par le goulot, hermétiquement fermé, qu'elle avait pénétré. Ainsi donc, le verre soumis pendant plusieurs heures à une pression de huit ou dix atmosphères devenait poreux, et les bons riverains étaient convaincus de la réalité du fait, aussi bien que les étrangers et les touristes, assistant bouche béante et les yeux écarquillés de surprise à l'extraction de la miraculeuse bouteille.

Cette croyance à la porosité du verre se continua jusqu'à l'année dernière, où un voyageur, plus intelligent que les autres et impatienté de ces racontars, eut l'idée de prouver par une expérience convaincante l'absurdité de cette idée venant d'une observation incomplète.

Ce voyageur fit donc fabriquer dans une verrerie voisine une sphère en verre, de la même épaisseur que les fameuses bouteilles, et faite d'une seule pièce, sans goulot d'aucune sorte. Cette sphère, munie d'un fort contre-poids, fut donc immergée jusqu'à 200 mètres de profondeur dans les eaux du lac, en présence d'une foule de curieux accourus de plusieurs lieues à la ronde pour assister à l'expérience. On laissa séjourner le globe de verre pendant six heures sous une pression d'eau de près de vingt atmosphères (21 kilogrammes par centimètre carré de surface), puis on le remonta, et il fut bien et dûment constaté par tous les spectateurs présents à l'expérience, que ce globe ne contenait pas même trace de vapeur d'eau. Cependant toutes les conditions avaient été remplies...

Dès ce jour, la croyance à la porosité du verre sous l'effet d'une forte pression a été tuée par la preuve éclatante donnée en public de la non-existence de ce fait auquel tant de personnes croyaient fermement.

Mais il fut prouvé, par la même occasion, que l'eau peut pénétrer, malgré le meilleur bouchon, à l'intérieur d'une bouteille soumise extérieurement à une forte pression. Ce n'est pas que l'eau se fraie un passage à travers les pores de la cire et le liège, car les cellules de ce corps ne communiquent pas les unes avec les autres. Mais, par suite de son élasticité, le bouchon, fortement comprimé, s'écarte des parois du flacon, laissant un vide par lequel le liquide extérieur peut s'introduire.

C'est aussi depuis cette époque que les personnes qui ont à opérer d'importants bouchages soumettent préalablement les lièges dont elles vont faire usage à l'effort de l'appareil Salleron, où un liquide, comprimé à l'aide d'une petite presse hydraulique, vient imprégner les bouchons qui ne doivent cependant pas être imbibés, après même une longue expérience.

Le lecteur est édifié maintenant sur la nature physique du liège dont nous donnerons plus loin l'histoire naturelle. Pour la composition chimique de cette substance, que nous étudierons en détail dans un chapitre spécial, qu'il suffise actuellement de dire qu'elle renferme du tannin, une matière analogue à la cire, appelée *cérine* par M. Chevreul, et divers acides et sels végétaux organiques que l'on pourrait retirer du liège sans l'altérer. Voilà ce qu'est le liège : voyons maintenant comment on cultive le végétal qui donne ce produit, et quels sont les procédés mis en œuvre, d'abord pour le récolter sans faire souffrir l'arbre, puis pour préparer les écorces avant de les livrer aux industries qui en font usage.

# CHAPITRE II

## HISTOIRE DU LIÈGE

La culture du chêne-liège et la récolte de l'écorce subéreuse de cet arbre si utile sont parvenues, à l'heure actuelle, à leur point de perfection, grâce à l'énorme extension prise par le débit de ce tissu végétal élastique et perméable. Aussi, d'immenses plantations de chênes couvrent-elles des territoires entiers, et les forêts naturelles sont-elles l'objet d'un soin particulier.

Le liège n'était pas inconnu des anciens : plusieurs auteurs grecs et latins font mention de ses usages, notamment Théophraste et Pline l'Ancien. Ce dernier, dans son Histoire Naturelle, en dit ce qui suit (livre XVI, chap. XIII) :

« Le liège est un arbre de faible grandeur; son gland, peu abondant, n'est pas utilisé. On ne se sert que de son écorce, qui est très épaisse et qui renaît à mesure qu'on l'enlève. On en a formé des surfaces planes de dix pieds carrés. Elle est souvent employée pour les bouées d'ancres de navires, les filets des pêcheurs, les bondes des tonneaux et, en outre, pour la chaussure d'hiver des femmes; aussi les Grecs appelaient-ils plaisamment le liège l'*arbre-écorce*. Quelques-uns le nommèrent *yeuse femelle* et, dans les lieux où il n'y a point d'yeuse, on le remplace par le liège, surtout pour la charpente. Le liège ne croît qu'en quelques contrées d'Italie et manque totalement dans les Gaules. » Et plus loin, le même écrivain ajoute : « Le liège sert pour la couverture des toits. »

Ce que Pline dit du chêne-liège est très exact, sauf son assertion que cet arbre n'existe pas dans les Gaules, et l'on s'étonne que cet auteur, ordinairement si exact, et que les fonctions qu'il occupait avaient fait voyager dans les possessions romaines d'Espagne, ait oublié de mentionner les forêts de chênes-liège qui existaient déjà à cette époque en Aquitaine et dans la Gaule narbonnaise. On peut en conclure que, quoique connu depuis très longtemps déjà, le tissu subéreux n'était l'objet d'aucun commerce, du temps où vivait le savant que nous avons cité, et que ses applications étaient fort peu répandues.

Durant une longue suite de siècles, le liège continua à demeurer, même dans des pays de production, un objet d'utilité fort secondaire, et il fallut l'apparition et le développement de l'industrie du verre pour faire rechercher ce produit si longtemps dédaigné. Ce ne fut qu'au XVIIe siècle que les Espagnols commencèrent à mettre en valeur les belles forêts de Catalogne, qui ont conservé depuis cette époque le premier rang commercial.

Avant l'occupation française les immenses forêts de chênes-liège d'Algérie et de Tunisie n'étaient l'objet d'aucune exploitation. Sous la domination turque, les indigènes ne tiraient aucun profit des richesses qu'ils avaient sous la main et dont ils ignoraient la valeur. Quels que fussent, d'ailleurs, les propriétaires de ces forêts, la principale destination de ces vastes espaces était de servir de terrains de parcours aux troupeaux : le bois et le liège dont le commerce, des plus restreints, était pratiqué à peine par deux ou trois Européens, étaient considérés comme des produits absolument accessoires. Aussi les Arabes et les Kabyles ne se faisaient-ils aucun scrupule de mettre le feu à un massif de forêt, soit pour renouveler leurs pâturages, soit pour se créer des terrains de culture, quelquefois même seulement pour éloigner les bêtes fauves décimant leurs troupeaux.

Rien n'est plus commun que les incendies dans les chênaies, et il n'existe presque pas de forêts africaines qui n'aient été maintes et maintes fois parcourues par le fléau, et s'il est une chose dont on peut s'étonner, c'est de voir qu'elles aient pu survivre à tant de catastrophes répétées. Il a fallu pour cela la puissance de la végétation sous cette zone brûlante et l'énergique vitalité des souches de chênes-liège qui, autour du tronc carbonisé, faisait repousser de vigoureux rejets, tandis que, sur d'autres points, germaient de toutes parts des semences enfouies, comme si l'incendie les avait subitement réveillées !

Pendant les premières années de la conquête, l'attitude hostile, conservée par les populations indigènes occupant les montagnes du littoral, empêcha l'exploration des principaux massifs boisés et ce ne fut qu'après la pacification à peu près complète et la soumission des tribus, que l'on put arriver à une appréciation approximative des richesses forestières de la contrée. Ces reconnaissances demeurèrent encore longtemps difficiles, ne pouvant s'exécuter qu'à la suite des détachements de troupes parcourant le pays :

ainsi, un rapport daté de l'année 1840 annonçant une exploration dans les forêts de l'Edough, près de Bône, constate que jusqu'à ce moment il a été impossible d'y pénétrer sans une nombreuse escorte.

De 1840 à 1845, on procéda successivement à l'étude de toutes les forêts des massifs environnant la Calle, Philippeville et Bône. En rendant compte des travaux effectués par le service forestier, le rapport ajoutait que les forêts de cette région, presque entièrement composées de chênes-liège, devaient être exploitées surtout en vue de la reproduction du liège, produit précieux dont l'Europe commence à manquer et que l'Algérie est peut-être en mesure de lui fournir dans le délai de quelques années. En effet, peu de prévisions se sont aussi bien réalisées : en 1847, l'exportation totale des lièges algériens se montait à 46,860 kilogrammes, et en 1887 elle arrivait à 4,879,980 kilogr. d'écorces brutes, non compris pour 613,955 francs de lièges travaillés, ce qui constitue une augmentation de plus du centuple dans la production!

Dès le début, l'administration coloniale reconnut qu'il était impossible, quelque grands que dussent être les bénéfices futurs, de mettre elle-même en valeur ces vastes espaces boisés, qui demandaient, avant que de rapporter, des travaux considérables et coûteux. Tirer parti des richesses forestières du pays, c'était en même temps favoriser la colonisation ; on résolut donc de faire appel aux capitaux de la métropole et d'accorder, pour une certaine durée, des concessions de forêts à des fermiers qui, tout en payant une certaine redevance à l'État, exécuteraient, sous la direction de l'autorité compétente, tous les travaux nécessités pour la mise en exploitation régulière des forêts louées, et bénéficieraient des récoltes pendant la durée de la concession.

Mais ces premiers essais n'ayant pas été heureux, il fallut reconnaître que les frais de première installation, dans un pays où tout à peu près était à créer, et où les travaux à exécuter étaient immenses, demandaient une mise de fonds trop considérable et rendaient l'opération ruineuse pour les concessionnaires. Un nouveau cahier des charges fut donc rédigé dans un sens plus libéral, puis modifié encore, pour permettre aux exploitants une équitable rémunération de leurs peines. Nous ne suivrons pas les différentes phases de la lutte qui fut alors engagée entre le comité des concessionnaires et l'administration, surtout sur le chapitre des indemnités à accorder pour la compensation des pertes occasionnées par les nombreux incendies, allumés par la malveillance des indigènes, et qui, en 1863 et 1865, ravagèrent à plusieurs reprises les nouvelles exploitations. Nous dirons seulement qu'un décret fut rendu le 7 août 1867 sur la proposition du gouverneur général de l'Algérie, maréchal de Mac-Mahon, mettant fin à toutes ces discussions en cédant aux titulaires des concessions les forêts pour un bail de quatre-vingt-dix ans à charge par eux de payer une faible redevance à l'État par hectare concédé, si celui-ci était en bon état, ou absolument gratuitement s'il avait été ravagé par un incendie. Enfin, en 1870, ces conditions furent encore élargies.

En somme, aujourd'hui, les forêts africaines de chênes-liège sont en pleine production. Lorsque le réseau des chemins de fer algériens aura été terminé, le prix des écorces deviendra plus rémunérateur, quoique s'abaissant encore, et l'exploitation de ces forêts constituera la plus importante richesse de notre jeune colonie.

Sous le rapport de leur importance et de leur étendue, les concessions du département de Constantine marchent au premier rang. Ensuite viennent celles du département d'Alger, et, en dernier lieu, celles d'Oran. Il en est de même pour la répartition des forêts de chêne-liège dont la province de Constantine possède à elle seule les neuf dixièmes.

M. Lamey, inspecteur des forêts, auteur d'une excellente monographie, presque introuvable aujourd'hui, sur le chêne-liège en Algérie, et à laquelle nous avons fait de fréquents emprunts, donne le tableau suivant des accroissements annuels du liège, qu'il peut être utile de consulter.

**Tableau des accroissements annuels du liège.**

| ÉPAISSEUR DES LIÈGES. | LIÈGES MINCES. | LIÈGES ORDINAIRES. | LIÈGES ÉPAIS. |
|---|---|---|---|
| Formés la 1re année | 0,0017 | 0,0037 | 0,0055 à 0,0070 |
| — 2e — | 0.0025 | 0,0040 | 0,0055 0,0070 |
| — 3e — | 0,0023 | 0,0038 | 0,0052 0,0067 |
| — 4e — | 0,0022 | 0,0036 | 0,0048 0,0062 |
| — 5e — | 0,0021 | 0,0034 | 0,0043 0,0057 |
| — 6e — | 0,0020 | 0,0032 | 0,0040 0,0053 |
| — 7e — | 0,0019 | 0,0028 | 0,0037 0,0047 |
| — 8e — | 0,0017 | 0,0025 | 0,0035 0,0045 |
| — 9e — | 0,0015 | 0,0022 | 0,0032 0,0042 |
| — 10e — | 0,0013 | 0,0020 | 0,0030 0,0040 |
| — 11e — | 0,0012 | 0,0018 | 0,0027 0,0037 |
| — 12e — | 0,0011 | 0,0018 | 0,0025 0,0035 |
| — 13e — | 0,0010 | 0,0016 | 0,0022 0,0035 |
| — 14e — | 0,0016 | 0,0016 | 0,0020 0,0032 |

Mais l'écorce du chêne-liège ne fournit pas à l'industrie que la matière première au moyen de laquelle on fabrique les bouchons : elle lui donne aussi un deuxième produit très recherché depuis quelques années, et connu dans le commerce sous le nom de *tannin*.

Le tannin n'est autre chose que la partie non subéreuse de l'écorce, qui correspond au *liber* des autres arbres, que les liégeurs nomment *lard* ou *mère*, et que nous avons appelé *enveloppe herbacée*. A vrai dire, le tannin est contenu dans les cellules ligneuses de cette enveloppe, car lorsqu'on l'a épuré, il se présente sous la forme d'un acide blanc ou légèrement jaunâtre, et qui forme avec la gélatine et l'albumine contenues dans les matières animales un composé insoluble et imputrescible. Cependant, et par extension, on a donné ce nom aux écorces qui le renferment.

L'exploitation du tannin du chêne-liège diffère de celle des autres arbres à tannin que l'on cultive en France, du chêne vert, par exemple, en ce qu'elle ne s'opère que sur des arbres au déclin de leur existence, ou rongés des insectes. Dans notre pays, on récolte le tannin sur des arbres très jeunes qui repoussent de souche et peuvent, au bout d'une certaine période, être exploités de nouveau. En Algérie, au contraire, on dépouille les vieux arbres de leur liber jusqu'à l'aubier; on détruit ainsi les organes les plus essentiels de la végétation, et la mort de l'arbre en est la conséquence.

Comme toutes les écorces, celles qui contiennent du tannin doivent se récolter pendant que l'arbre est en sève; non seulement leur qualité est supérieure, mais c'est à cette époque qu'elles se détachent le plus facilement. Le liber est ordinairement beaucoup plus adhérent au bois qu'au liège, et il n'est pas rare qu'on soit obligé de le détacher du tronc par copeaux et à coups de hache.

Le tannin, dégagé du liège qui le recouvre, est détaché de l'arbre par morceaux : l'opération s'étend sur les branches jusqu'à l'endroit où le liber cesse d'avoir une épaisseur suffisante. Après la récolte, le tannin est disposé en petits tas pour sécher; il est ensuite mis en sacs et expédié ou emmagasiné. On doit avoir soin de le préserver de la pluie et de l'humidité, car lorsqu'il a été mouillé, il perd la plus grande partie de sa valeur.

Dans les exploitations régulières, l'arbre, après avoir été dépouillé jusqu'à une certaine hauteur, est ensuite abattu. Les maraudeurs et les indigènes ne prennent pas cette peine et font la récolte, l'arbre demeurant sur pied. En général l'épaisseur du tannin n'excède pas deux à trois centimètres, et un bon arbre peut en produire environ un quintal. Après la récolte du liège, le liber se transforme en croûte pour former le nouveau liège ; son épaisseur est alors très mince, et cette circonstance bien connue suffit pour empêcher les déprédations des voleurs de tannin.

En 1871, à la suite du rapport de l'arrêté protecteur des forêts de chênes-liège d'Algérie, et le tannin étant fort demandé, une sorte de fièvre s'empara des concessionnaires de forêts et même des indigènes usagers.

Des milliers de beaux arbres furent sacrifiés pour récolter du tannin, par suite de la séduction d'un bénéfice considérable, facilement obtenu et réalisé aux dépens des récoltes subséquentes de liège.

« Cependant, et malgré tout, les exploitations de

tannin ne sont pas incompatibles avec une bonne gestion des forêts de chêne-liège, dit M. Lamey dans l'étude que nous avons citée plus haut. Dans toutes les grandes forêts, il existe des arbres surabondants, gênant la croissance de sujets plus vigoureux, d'autres trop âgés, viciés par les incendies ou la carie, ne produisant que des lièges minces ou de mauvaise qualité : de pareils arbres doivent nécessairement être enlevés ; les livrer à l'exploitation du tannin, c'est faire œuvre de bonne administration. Le prix du tannin ne dût-il que couvrir les frais causés par l'abatage et l'enlèvement de ces arbres, qu'on aurait encore fait une bonne affaire en améliorant l'état de la forêt sans qu'il en coûte un centime. »

Cet historique rapide de la culture du chêne-liège terminé, arrivons-en de suite aux procédés en usage pour l'exploitation des forêts naturelles et le peuplement des plantations créées de main d'homme, soit sur le flanc des montagnes du Midi, soit dans les plaines de notre colonie algérienne.

# CHAPITRE III

## CULTURE DU LIÈGE

La culture du chêne-liège tend à se développer de jour en jour, à mesure que la consommation européenne devient plus considérable. On n'a d'abord eu qu'à exploiter les immenses forêts naturelles qui couvrent les versants accidentés des contrées du Midi, puis, la demande surpassant la production, on a établi des peuplements artificiels dans les départements du Var, des Pyrénées-Orientales et du Lot-et-Garonne en France; dans les montagnes de la Catalogne en Espagne, et dans les plaines portugaises. Enfin, ainsi qu'on vient de le voir, on a mis en exploitation régulière les immenses bois qui couvrent l'Algérie et, depuis cette époque, l'industrie est largement approvisionnée d'écorce subéreuse.

Le chêne qui produit le liège a besoin d'air et d'espace pour croître et se développer vigoureusement. Il aime les terrains primitifs secs et divisés, les grès et les roches quartzeuses, mais il redoute l'humidité, les terrains marécageux et les calcaires. Son feuillage est peu abondant, ce qui favorise malheureusement le développement des broussailles à son pied. Il se reproduit de plusieurs manières, soit par semis ou par plants, soit par recépage. Tantôt les plants sont arrachés dans les chênaies antérieures, tantôt ils sont élevés en pépinières et replantés ; enfin il peut arriver qu'à la suite d'un incendie, les arbres ayant été détruits ils repoussent, ainsi que nous l'avons dit, de souche.

Rien n'est même plus commun que ces catastrophes qui se renouvellent, en Algérie surtout, avec une fréquence déplorable. Quiconque a été témoin de ces terribles incendies de forêts et qui a vu avec quelle vertigineuse rapidité le feu s'élançait du bas d'une montagne à son sommet, franchissant les ravins et sautant d'un flanc à l'autre pour continuer son œuvre de destruction ; quiconque a pu mesurer la puissance de cet élément dévorant a dû reconnaître que nulle force humaine n'était capable de l'arrêter dans sa marche. Le feu ne cesse que lorsqu'il ne trouve plus d'aliments à son effroyable ardeur.

Avant la récolte, pendant les mois les plus chauds de l'année, l'écorce sèche est rendue combustible par le siroco, le vent terrible au souffle de feu. Alors la moindre étincelle apportée par le vent, le feu d'un campement mal éteint, ou toute autre cause insignifiante peut engendrer un effrayant cataclysme. Un premier arbre se corrode lentement, ses feuilles, atteintes par l'élément comburant et desséchées depuis longtemps par un soleil tropical, s'enflamment en pétillant, le liège résineux grésille et le chêne tout entier s'allume en crépitant, en projetant au loin des myriades d'étincelles et des torrents d'aveuglante fumée. Le feu se communique de proche en proche et bientôt la forêt tout entière n'est plus qu'un immense brasier, une mer de flammes dont il est impossible d'approcher...

Le démasclage.

Quelquefois il arrive que ces catastrophes entraînent des accidents funestes. En 1873, lors du terrible incendie des forêts de l'Edough, sept ouvriers européens ne purent s'échapper des bois embrasés et gagner un abri : ils furent atteints par le feu et périrent d'une mort horrible, victimes de leur dévouement. Le directeur de l'exploitation lui-même et quelques personnes qui l'accompagnaient, environnés par les flammes, ne durent leur salut qu'à la présence d'esprit qu'ils eurent de se réfugier dans un ravin.

Le seul moyen qui existe de prévenir le terrible fléau ou d'en enrayer le développement consiste dans l'enlèvement du *sous-bois*, par lequel le feu se communique de proche en proche. Le chêne-liège étant un arbre élevé, il croît à son pied des broussailles enchevêtrées qui rendent la marche difficile, et forment un aliment au feu. Il est donc de toute nécessité de les enlever.

Pour débarrasser une forêt des broussailles qui l'encombrent, ou la nettoyer, on a essayé plusieurs systèmes, dit M. Lamey. D'abord, on a essayé du débroussaillement simple en coupant, rez de terre, les tiges. Mais ce travail n'atteignant aucunement le but proposé et donnant une nouvelle vigueur à l'importune végétation, on a tenté du débroussaillement par extraction de souches ou *dessouchement*. Cette opération est efficace mais très coûteuse et n'est praticable que lorsqu'il est possible de tirer un parti des souches soit comme bois de chauffage, soit comme charbon. Un dessouchement bien fait protège la forêt pendant une période de dix ans, c'est-à-dire la durée d'une exploitation. Or, en comparant le prix de cette opération avec le rendement en liège pendant dix ans, on s'aperçoit que les frais du nettoiement dépasseront le produit de la récolte; il en faut donc conclure que le dessouchement complet du sous-bois n'est pas possible sur une vaste étendue de forêts.

C'est pourquoi un troisième procédé a été préconisé: on se contente simplement de défricher une certaine largeur autour de chaque arbre ; on trace de nombreux chemins à travers la forêt, on creuse des tranchées bien déboisées et débroussaillées et on dégarnit de végétation tous les abords de la forêt sur une certaine largeur. Les espaces vides et que la flamme ne peut franchir sont les obstacles les plus sérieux à la propagation des incendies, et c'est pourquoi les liégeurs judicieux creusent de nombreuses tranchées bien nettoyées et des chemins à travers leurs plantations.

Lorsqu'on procède à l'exploitation d'une forêt de chênes-liège déjà ancienne, comme celles qui couvrent les flancs de montagnes en Espagne et en Algérie, il n'y a que la récolte à opérer. Mais lorsque, au contraire, on plante une forêt en quelque sorte artificielle, puisque la main de l'homme intervient pour sa création de toutes pièces, le semis et la culture des chênes doivent être l'objet de soins constants.

Quand on sème les glands au printemps, époque la plus favorable de l'année, la plante commence à lever après trois à quatre semaines en Algérie. Si le semis a eu lieu à l'automne, l'arbre ne sort du sol qu'après trois ou quatre mois, c'est-à-dire en février habituellement. En France, cette période de germination est un peu plus longue. Le plant de chênes-liège buissonne pendant quatre ou cinq ans, puis il commence à s'élever. A douze ans, on exécute le premier *démasclage*.

Ce *démasclage* consiste dans l'enlèvement de la première couche de liège formée naturellement sur le chêne. Lorsque le liégeur juge que le plant est suffisamment avancé, il procède à cette opération qui a lieu ordinairement dans les mois de juillet et d'août, époque où la sève est en mouvement et permet au liège de se séparer aisément de la zone intérieure du liber, de la *mère* en un mot : alors les démascleurs, armés d'une espèce de hache à fer plat appelée *picasson*, pratiquent sur le chêne un certain nombre d'incisions verticales. Passant ensuite entre le liège et la mère tantôt le fer de l'outil, tantôt l'extrémité du manche, laquelle est taillée en biseau, ils détachent progressivement l'écorce de l'arbre, en s'aidant, pour les parties hautes, d'un levier également biseauté.

Ces premières écorces ne peuvent être utilisées d'aucune façon : on les brûle sur place pour détruire les fourmis et autres insectes qui déposent leurs œufs dans cette écorce et qui attaquent aussitôt les arbres nouvellement démasclés.

On a soin de ne pas dépouiller les chênes-liège au moment des fortes chaleurs, car ces arbres n'ayant que fort peu de feuillage sont exposés plus que d'autres à l'insolation, qui en fait périr 2 p. 100 en moyenne après chaque démasclage. Le siroco, ce vent brûlant qui souffle en Afrique, est mortel pour beaucoup de chênes-liège, denudés de leur vêtement d'écorce, et exposés en plein à son souffle corrodant.

Après le premier démasclage, et lorsque le liège mâle a été enlevé, on soumet ordinairement la plantation à l'opération du *petit feu* qui a pour but de la débarrasser des broussailles qui rendent la forêt inextricable au pied des arbres qu'elles enserrent de leur réseau. Cette opération s'exécute plutôt au printemps que pendant l'été, afin de rester toujours maître de son feu. Lorsque le nettoyage est opéré, toutes les cendres provenant de la combustion de ces broussailles, et qui contiennent des sels fertilisants d'une grande énergie, servent d'engrais aux chênes-liège, qui prennent un nouvel accroissement, tandis que le liège femelle se reforme rapidement.

La récolte du liège, à partir du moment où l'on a enlevé la première couche naturelle d'écorce, s'opère tous les trois ans pour améliorer plus tôt la qualité du tissu subéreux, puis tous les six ans, avec les lièges de texture épaisse, ou tous les neuf ans avec ceux d'épaisseur ordinaire.

Le chêne-liège, qui croît jusqu'à 1000 mètres d'altitude et peut être cultivé jusque sous la latitude de Bordeaux (45° parallèle), vit très vieux, cinq ou six siècles, mais il ne produit de bon liège que jusqu'à l'âge de cent cinquante ans. Il atteint alors, comme nous l'avons dit, jusqu'à 20 mètres de haut et 4 à 5 mètres de tour. La foudre paraît particulièrement l'affectionner, et il n'est presque pas d'année où l'on ne cite, pendant les redoutables orages africains, des arbres foudroyés et réduits en cendres. C'est même souvent là la cause première des incendies qui ravagent périodiquement les forêts en exploitation dans notre colonie.

Après le démasclage des chênes, et pendant la formation de la nouvelle écorce soumise à toutes les intempéries et à toutes les variations atmosphériques, le liège est attaqué par les insectes, qui percent des galeries à travers sa substance poreuse. Il présente donc une croûte plus ou moins épaisse, des crevasses et des trous qui constituent un inconvénient grave pour son emploi ultérieur, et une cause importante de déchet. De plus, pendant les mois qui suivent leur dénudation, les arbres sont exposés à périr d'insolation, qui cause la mort de 2 p. 100 des arbres nouvellement démasclés.

Heureusement un remède efficace a été apporté à cet état de choses déplorable, et un procédé de récolte nouveau, imaginé par M. Capgrand-Mothes, sylviculteur distingué, a permis d'obtenir un liège de reproduction, sans croûte ni piqûres d'insectes, grâce à quelques précautions que nous rapporterons dans le chapitre suivant, traitant principalement des diverses méthodes de récolte du liège.

Ce système permet d'utiliser sans déchet toute la couche subéreuse, et avance d'un an, sur les arbres déjà démasclés, la récolte de semblables écorces; de plus il protège les chênes-liège récemment dépouillés contre le siroco et les insolations, dont nous avons vu plus haut les résultats désastreux. Enfin, lorsque le revêtement dont on entoure les arbres est enlevé, si l'on veut continuer à les protéger contre les attaques et les ravages des insectes, on n'a qu'à enduire les chênes d'*huile de cade* qui les empêche de s'attacher au nouveau liège, et de le percer de leurs mandibules. Les fourmis, ces terribles et acharnées ennemies du liège, ne s'approchent plus d'un arbre ainsi enduit et garanti.

Aussitôt le liège récolté, on l'empile, on fait d'énormes paquets des planches réunies, de véritables *balles*, dont le poids n'est pas inférieur à 80 kilogrammes, et qu'on envoie aux usines chargées du traitement préparatoire, qui se compose de quatre opérations distinctes ayant pour but de débarrasser le liège de ses impuretés, cailloux, résines concrétées, etc, avant de le livrer au commerce. Ces opérations sont le *bouillantage*, le *raclage*, le *classement* et l'*emballage*.

Le *bouillage* ou *bouillantage* des écorces de liège s'opère dans de vastes chaudières, remplies d'eau et chauffées avec des débris d'écorce, et a pour but de gonfler, d'amollir ces plaques pour en augmenter l'élasticité. De plus ces écorces qui, jusque-là, avaient conservé une certaine convexité, sortent de ce bain complètement aplaties. On les comprime ensuite sous le poids de lourds madriers pour en faire sortir l'humidité et on procède au *raclage*.

Cette seconde opération s'exécute à l'aide de raclettes de fer appelées *doloires*, quelque peu semblables aux outils triangulaires des maçons, et elle a pour effet d'enlever et de détacher du liège la partie ligneuse qui y adhère encore. Ce travail se fait aussi mécaniquement, à l'aide de bobines horizontales garnies de pointes de fer et tournant à la vitesse de 900 tours à la minute. Le raclage, qui donne 28 pour 100 de déchet de l'écorce brute, est rendu inutile par le procédé de revêtement de M. Capgrand-Mothes. En Angleterre, ces deux premières opérations sont remplacées par le *flambage* des écorces, qui sont ensuite balayées au lieu d'être raclées. Cette méthode tend de plus en plus à s'introduire chez nous. La dessiccation fait perdre ensuite au liège 15 pour 100 de son poids, tandis que le bouillantage le fait gonfler d'un cinquième environ.

Le *classement* des écorces, qui a lieu après ce nettoyage préparatoire, se fait suivant cinq épaisseurs distinctes, puis l'*emballage* à la presse hydraulique les met en balles de 70 à 80 kilogrammes, maintenues par des bandes de fer plat. Arrivées à destination, elles sont l'objet d'un nouveau triage, exécuté cette fois suivant leur qualité et leur finesse. Voici quel est l'écart considérable qui existe entre les prix des deux qualités extrêmes : les 100 kilogrammes de liège surfin (pour les bouchons à champagne) valent de 120 à 150 francs, tandis que le même poids de liège mince ordinaire ne vaut guère plus de 15 à 20 francs. Ces chiffres suffisent à démontrer l'intérêt qu'a le producteur à améliorer de plus en plus la qualité de ses écorces.

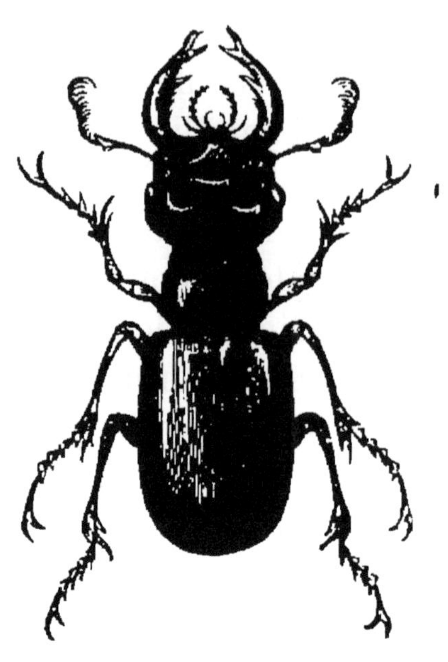

Lucane cerf-volant vivant sur le chêne-liège.

D'Algérie, d'Espagne ou de Provence arrive donc, par balles énormes, le liège en planche qui est livré soit au *bouchonnier*, qui en fabrique des bouchons, soit à l'industriel, qui le met en œuvre en vue d'autres applications. En général, la première qualité de liège, la plus estimée et aussi la plus recherchée, est celle qui est dense, lisse, égale, exempte de nœuds et d'inégalités, de trous et de crevasses; la dernière est formée des déchets grossiers, des plaques de petites dimensions brisées pendant le démasclage, et des parties contenant des pierres et des résines desséchées. L'épaisseur des planches est au plus de 6 à 8 centimètres. J'ai bien vu un bouchon taillé dans un morceau de liège de *quinze centimètres*, mais cet échantillon est d'une excessive rareté et constitue bien la merveille des bouchons.

Quand, en récoltant le liège, on a affaire à des baliveaux et à des branches de petit diamètre, on ne fait qu'une incision verticale et on enlève un cylindre d'écorce d'un seul morceau, lequel est vendu sous le nom de *liège en canons*, et est tout aussi bon que le liège en plaques.

La densité des lièges varie avec leur nature et leur âge. Ainsi, sous un même volume, des lièges minces ont plus de poids que les espèces à croissance rapide, et, pour des lièges de même catégorie, la densité augmente avec l'âge. D'après M. Brisson (*Annuaire du Bureau des longitudes*), la densité du liège serait de 0,240, mais ce chiffre est plutôt un maximum qu'une moyenne. Pour des lièges ordinaires de l'âge de dix ans, la densité atteint à peine 0,200, ce qui signifie qu'un mètre cube de liège ne pèse que 200 kilogrammes. Cette extrême légèreté est jointe, dans le liège, à d'autres qualités précieuses : mauvais conducteur de la chaleur et du son, imperméable aux liquides et aux gaz, peu combustible et presque incorruptible, ses propriétés physiques lui font éprouver chaque jour de nouvelles applications dans l'industrie. Il n'est donc pas étonnant que sa consommation aille tous les jours en augmentant, et que, malgré l'accroissement énorme de sa production, depuis la mise en exploitation régulière des immenses forêts naturelles d'Algérie, la valeur commerciale de cette substance n'ait subi aucune dépréciation.

C'est donc un produit dont la culture, chaque jour mieux entendue, est appelée à devenir l'une des principales sources de richesse pour l'Algérie et pour nos departements du Midi, si éprouvés dans leurs autres récoltes.

La culture du chêne-liège est relativement assez facile. La récolte seule exige un personnel assez nombreux. Les soins à donner à l'arbre, jusqu'à ce qu'il ait atteint la taille où on peut commencer à le dépouiller de son écorce naturelle, se bornent à peu de chose et sont, à part le petit feu, les mêmes que tous les forestiers donnent aux arbres de même essence. Le plus grand ennemi du chêne-liège est le monde de parasites de toute espèce qui vit à ses dépens. Ce sont d'abord les coléoptères qui habitent les cavités et les moindres fissures du tronc, les lucanes ou *cerfs-volants,* les *anobium*, les *orchestes* qui se contentent de ronger les menues branches de l'arbre pendant leur enfance et s'attaquent aux feuilles, lorsqu'ils sont devenus des insectes parfaits. Ce sont les innombrables familles de chenilles qui rampent sur l'écorce, les *balaninus glandium*, auxquels les glands servent de refuge, les *chrysomèles*, qui dévorent les jeunes pousses. Jusque dans le monde des papillons, le chêne-liège a des parasites et des ennemis nombreux, dont plusieurs espèces lui sont si inféodées et lui appartiennent si bien en propre, qu'ils lui doivent jusqu'à leur nom : polyomates du chêne, bombyx du chêne, sphinx du chêne et enfin cynips du liège.

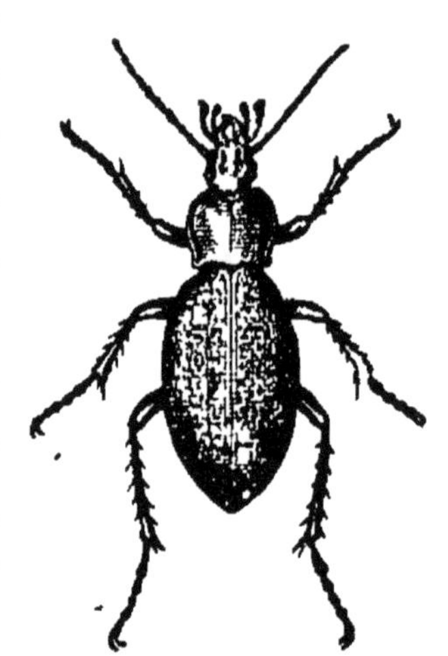

Les ennemis du liège : le Carabe sacré.

En somme, les plus terribles ennemis du liège sont : la chenille qui dévore les feuilles, le ver qui ronge le bois et la fourmi qui perce ses galeries dans l'écorce. Parmi la première espèce de ravageurs, une variété s'attaque particulièrement au chêne-liège : c'est le *bombyx* (liparis) *dispar*, qui est la chenille d'un papillon de nuit. Cette chenille est d'assez forte taille : elle atteint 5 à 6 centimètres de longueur. Elle apparaît au printemps en quantité énorme dans les jeunes chênaies dont elle dévore jusqu'à la dernière feuille. Lorsqu'un arbre est dépouillé, elle passe à un autre, ainsi de suite jusqu'au mois de juin, où elle tisse une toile et se change en chrysalide.

Les dévastations du bombyx dispar s'étendent parfois sur des étendues très considérables. Il n'est pas rare de voir des cantons de 6 à 800 et même deux mille hectares dépouillés entièrement de leurs feuilles dans l'espace de quelques semaines. Cependant, les arbres ne paraissent pas beaucoup souffrir la première fois de cette invasion, et ils reforment rapidement leur feuillage. Il n'en est pas de même lorsque le fait se renouvelle l'année suivante, ou une seconde fois dans la même année; dans ce cas l'arbre épuisé a peine à refaire le feuillage de sa cime, la végétation devient languissante et certains même périssent.

Il arrive quelquefois que des arbres jeunes et vigoureux, démasclés depuis peu de temps, dépérissent subitement et meurent en peu de temps sans qu'aucun motif bien apparent puisse justifier cette mortalité. Les liégeurs disent, dans ce cas, que les arbres ont eu le *ver* et leur appréciation est juste, car c'est la chenille d'un autre papillon, le *Cossus ligniperda*, qui les a tués.

C'est au mois de juillet que la femelle du *Cossus* dépose ses œufs au fond des crevasses de l'écorce.

Peu de temps après éclosent les jeunes chenilles qui se fraient immédiatement un passage jusqu'à l'aubier et se nourrissent du liber, avant de creuser de longues galeries jusqu'au cœur du chêne. A l'âge adulte cette chenille mesure jusqu'à 10 centimètres de longueur. On juge donc du ravage qu'une colonie de cent ou deux cents individus semblables peut produire dans l'aubier qui les abrite.

On a considéré jusqu'ici les fourmis comme étant des insectes plus utiles que nuisibles pour les forêts, à tel point que, dans certaines localités, on a été jusqu'à prendre des mesures de protection pour leurs nymphes. Dans les forêts de l'Algérie, malheureusement, une fourmi noire à corselet rouge ne se contente pas de s'attaquer, comme ses congénères, aux bois qui commencent à perdre de leur vitalité et se ramollissent lentement : elle creuse de profondes galeries dans le liège même, si facile à percer, et s'y installe par colonies innombrables. On rencontre principalement cette bestiole dans les lièges mâles, d'où elle passe ensuite dans les lièges de reproduction.

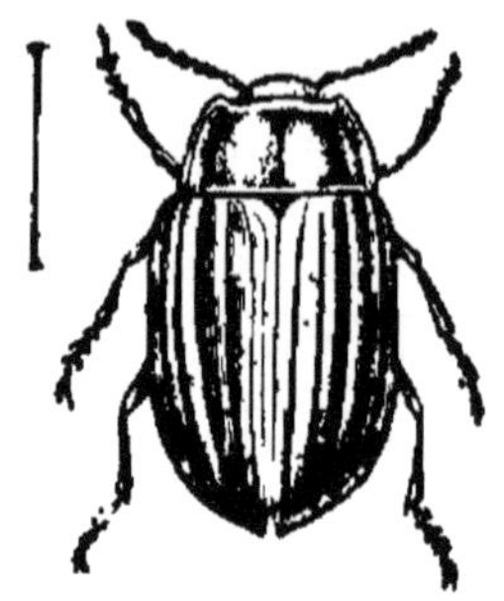

Les ennemis du liège : le Scarabée.

Les parties de forêts où l'on a reconnu l'invasion des fourmis gâte-bois peuvent être considérées comme à peu près perdues, car les lièges attaqués par ces insectes sont impropres à toute utilisation et ne peuvent servir qu'à alimenter la chaudière. Il faut au plus tôt faire disparaître les arbres infestés et détruire par le feu tous les vieux bois et débris d'écorces qui peuvent servir d'abri aux insectes. De cette façon, on empêchera le fléau de s'étendre aux chênes voisins.

Tels sont les innombrables insectes contre lesquels le liégeur doit défendre ses arbres, et qu'il doit détruire pour obtenir des produits supérieurs. Heureusement, grâce aux beaux travaux de savants qui se sont spécialement adonnés à l'étude de cette question, et notamment de MM. Capgrand-Mothes, Lamey, Rousset et Levrault, on est parvenu à lutter d'une façon efficace contre les ravages des insectes du chêne-liège, et à préserver le précieux végétal des atteintes de ses innombrables ennemis.

A cette occasion, nous rapporterons une anecdote.

Lors de la révolution de 1793, un noble, le comte de Villedieu, s'expatria avec sa famille pour échapper à la mort ou tout au moins aux persécutions, et il alla demander un asile à la terre d'Afrique. Il se réfugia en Tunisie et vécut quelque temps dans la ville et sous la protection du bey de Tunis, grâce aux débris de sa fortune qu'il avait pu sauver.

Le comte de Villedieu était un homme énergique et d'un caractère bien trempé. Il avait charge d'âmes; deux filles à élever, et il voyait avec terreur le moment où ses dernières ressources auraient fui. Il fallait trouver à tout prix une occupation quelconque; mais que faire dans ce pays encore sauvage et où vivaient à peine dix familles européennes ?...

Le pauvre homme réfléchissait donc tristement à l'avenir quand une idée lui vint. C'était pendant l'hiver, ou pour mieux dire, pendant la froide saison des pluies. Un maigre foyer, alimenté de branchages résineux, éclairait la pièce où la famille exilée se tenait. La comtesse, en ravivant le foyer, fit rouler un énorme morceau de bois léger jusque sous les pieds de son mari. Celui-ci sortit de son accablement et ramassa machinalement ce bois pour le replacer sur le feu. Mais soudain il s'interrompit et, soupesant le bois, qui était léger et poreux, il dit :

— Mais c'est du liège!

— Eh bien ?

— Je pense qu'on pourrait cultiver l'arbre qui le produit et envoyer ce liège en France!

Les parasites du chêne-liège. — 1, feuille attaquée par la galle ; 2, cynips ; 3, galle du liège.

L'idée étaitexcellente et surtout féconde. Dans les districts boisés et montagneux de l'est algérien, l'ancien gentilhomme reconnut avec bonheur de splendides échantillons de chênes-liège qui n'avaient jamais été exploités. Réunissant donc ses derniers capitaux, il acheta les forêts au bey qui les lui céda, et l'exploitation commença aussitôt. Elle fut si prospère, quoique le comte ne connût aucun des procédés pratiques des liégeurs français, qu'au bout de quinze ans il se trouvait à la tête de plus de cent mille francs, ce qui prouve qu'avec de l'intelligence, de l'énergie et de la persévérance, on vient à bout des choses les plus difficiles.

Le comte de Villedieu s'empressa donc de revenir en France où Napoléon I$^{er}$ était au comble de sa gloire. Il se fit remplacer par un régisseur et profita de son séjour en France pour marier sa fille aînée à un émigré.

Mais pendant qu'il se livrait à la joie du retour dans la mère-patrie, le régisseur, un incapable, délaissa l'entretien des forêts, sous prétexte qu'elles étaient hantées par des bandes pillardes venues des montagnes voisines, si bien que, rongés par les insectes, troués pas les larves, les chênes-liège périrent par centaines. Voyant ses récoltes et son avenir compromis, le comte de Villedieu revint en toute hâte en Tunisie. Hélas! quel spectacle l'attendait! Les arbres, auparavant si majestueux, avec leur feuillage vert sombre, ne présentaient plus qu'un aspect désolant. Les feuilles étaient boursouflées par les piqûres du cynips, le liège femelle était transpercé d'une multitude de petits trous et de cavités où s'étaient logés les insectes.

Le liégeur lutta de toutes ses forces contre le fléau pendant plus de dix ans, mais sans succès. Les arbres mouraient les uns après les autres; les récoltes devenaient de plus en plus maigres, le liège de plus en plus défectueux. Le comte dut abandonner ses belles forêts et procéder à la plantation de nouveaux chênes qu'il ne devait pas voir arriver à maturité. Il mourut en 1825.

Ce fut le gendre du comte de Villedieu, M. Levrauld, qui recueillit les fruits du labeur et des peines du liégeur. Profitant ensuite de l'expérience acquise, il eut l'idée de protéger les arbres de l'insolation et des insectes, en recouvrant, aussitôt après le démasclage, l'épiderme intérieur du chêne, la *mère*, d'un revêtement composé en partie d'argile.

Depuis cette époque (1840) les plantations de Medjana sont dans l'état le plus florissant et leurs produits des plus estimés. Les planches de liège

Le pauvre homme réfléchissait tristement.

qu'elles donnent au commerce sont relativement lisses, sans crevasses ni croûte, sans beaucoup de trous ou de piqûres d'insectes, à la fois élastiques et rigides. Mais nous ignorons le nom du propriétaire actuel de ces riches forêts qui ont été déjà incendiées au moins quatre fois, sinon en totalité, du moins en partie.

Cette anecdote nous permet donc de revendiquer pour nos compatriotes le mérite d'avoir été les premiers liégeurs ayant compris l'importance et l'avenir de la matière qu'ils cultivaient, et d'avoir apporté les premiers perfectionnements à cette industrie naissante.

# CHAPITRE IV

## RÉCOLTE DU LIÈGE

Nous avons vu, dans le précédent chapitre, par quels errements on récolte le liège, depuis que les phénomènes de subérisation sont connus et que ce tissu végétal est employé dans l'industrie. Au bout d'un certain nombre d'années, lorsque l'arbre a atteint une dimension suffisante, on le dépouille de son vêtement cortical et on l'abandonne aux intempéries atmosphériques jusqu'à ce que la nature l'ait aidé à réparer cette dénudation. On peut dire que la majorité des liégeurs en sont demeurés à l'enfance de l'art, aux procédés primitifs employés par leurs aïeux et qui auraient cependant pu être perfectionnés, à la suite d'études sylvicoles bien conduites.

Cependant, le problème de la culture vraiment rationnelle du chêne-liège et de la récolte de son écorce a été l'objet des travaux de savants à qui on doit rendre la justice à laquelle ils ont droit. Parmi ces sagaces investigateurs, nous citerons particulièrement M. Capgrand-Mothes, propriétaire d'une forêt de chênes dans le département du Lot-et-Garonne et qui est parvenu à considérablement améliorer la qualité du liège de reproduction, après de longues et patientes études.

Les inconvénients du procédé actuel peuvent se résumer ainsi :

1° Lenteur de l'accroissement du liège, par suite de l'obstacle apporté par la croûte au développement des couches inférieures;

2° Diminution du nombre des arbres mis en valeur par suite des insolations;

3° Détérioration de la qualité du liège par les crevasses occasionnées par les intempéries;

4° Ravages causés par les insectes dans la couche subéreuse;

5° Diminution de la production du liège utilisable par suite de la croûte et des crevasses qui doivent disparaître dans l'opération du bouillage et du raclage;

6° Augmentation des frais d'exploitation causée par le transport des planches de liège à l'usine pour les opérations du bouillage et du raclage;

7° Perte d'intérêt par la période prolongée du séchage.

Rappeler ces inconvénients, c'est poser le problème à résoudre pour arriver à une production de liège plus abondante, plus saine et moins coûteuse.

M. Capgrand-Mothes se mit donc à l'œuvre et étudia le mode de formation du liège sur l'arbre et le rôle joué par les différentes couches et enveloppes du liège. Il s'aperçut immédiatement de l'effet désastreux produit par l'exposition à l'air et aux ravages des insectes, du liber des chênes nouvellement démasclés. Pour remédier aux résultats de cette déplorable opération, il songea à recouvrir l'arbre dépouillé d'un revêtement quelconque. Mais était-ce un *encollage*, un *calfeutrage* ou l'application d'une matière fixe, isolante (*revêtement*), à l'abri de laquelle l'arbre pourra continuer son œuvre de reconstitution, qu'il fallait employer?

Toutes ces données durent subir, pendant deux ans, l'épreuve de l'expérience, et les bons résultats n'en ont été véritablement constatés que dans le revêtement. Ces premiers succès obtenus, il fallait déterminer la durée de ce revêtement : devait-il durer un an, deux ans ou plus?

A priori, il semblait qu'une période longue apporterait avec elle les plus grandes chances de réussite, puisque, dans ce laps de temps, l'écorce aurait atteint une épaisseur plus considérable et, par conséquent, serait devenue capable de résister plus énergiquement aux diverses influences qu'elle devait subir.

La pratique n'a pas été d'accord avec ces prévisions, et les expériences faites sur ce point ont révélé un fait physiologique d'une immense importance, et tout à fait capital, dans la culture du chêne-liège, à savoir que les arbres, maintenus consécutivement recouverts pendant quinze mois, c'est-à-dire pendant l'été du démasclage, l'hiver d'après et jusqu'à l'automne suivant, ont fourni, il est vrai, une écorce suffisamment unie et dépourvue de croûte, mais le produit est resté cassant, d'une homogénéité contestable et d'une élasticité douteuse. Les arbres, au contraire, laissés revêtus jusqu'à l'entrée de l'automne seulement, qui n'ont eu par conséquent que trois mois de revêtement, ont donné les résultats les plus inattendus.

Dès le printemps, ces arbres étaient déjà recouverts d'une couche protectrice complètement subérisée, unie, homogène, élastique, de la teinte rosée du plus beau liège et totalement dépourvue de croûte et de crevasses : en effet, les rigueurs de l'hiver, pendant l'arrêt de la végétation, avaient agi sur l'enveloppe cellulaire pour transformer le parenchyme, consolider son tissu et déterminer son entière subérisation.

*Pratique du revêtement.* — L'opération du revêtement est des plus simples et des moins dispendieuses ; elle présente deux cas :

Ou les arbres sur lesquels on opère subissent le démasclage, c'est-à-dire la première tire, ou ils ont été déjà écorcés.

Dans le premier cas, il est avantageux d'enlever l'écorce en une seule pièce, au moyen d'une incision pratiquée de haut en bas et en suivant le mode ordinaire.

Dès que l'écorce est détachée et dégagée de l'arbre, on fend le *lard* ou *mère* dans le sens déjà signalé — de haut en bas — par deux lignes opposées, nécessaires pour amoindrir les courbes du cylindre de l'arbre et préparer des surfaces planes, et sans aucun retard, on remet l'écorce en place en faisant aboutir les côtés sur une bande de carton cellulosique, destinée à couvrir les parties où l'écorce ne peut se rejoindre. Cette écorce est ensuite assujettie à l'aide de trois légers fils de fer, en haut, au centre et au bas.

Pour les arbres qui rentrent dans le second cas, l'écorce est enlevée en deux parties, remise en place et fixée, comme dans le premier cas, sur des bandes de carton.

Le *choix de l'époque* pour opérer le démasclage ou *tire* est très important et mérite une décision réfléchie. Pour faire une bonne tire, il faut nécessairement que les cellules du liber proprement dit et de l'enveloppe cellulaire — du *lard* en un mot — soient complètement gorgés de sève, de telle sorte que celle-ci, venant humidifier la dernière assise de l'écorce aoûtée dans l'hiver, facilite la séparation de l'écorce. Sans cette condition, le liber et l'enveloppe cellulaire, étroitement confondus, font corps avec l'écorce, et le moindre effort exercé sur elle détermine l'enlèvement du liber, ce qui blesse grièvement l'arbre.

L'époque la plus favorable pour les régions du Sud et du Sud-Ouest est le mois de juillet. Le feuillage du chêne est alors renouvelé et une sève abondante circule sous tout l'épiderme.

Pour favoriser la coupe de l'écorce sur l'arbre, M. Capgrand-Mothes a inventé une hachette à dents dont les liégeurs ont pu apprécier tous les avantages. Semblable par la forme et les dimensions à la hachette ordinaire, elle en diffère par le tranchant, qui est denté en trois points : elle est mobile sur le manche où elle est maintenue par une clavette, ce qui permet de l'enlever facilement : le manche est terminé par un petit marteau.

Lorsqu'on veut pratiquer l'incision de l'écorce, on dédouble l'instrument en enlevant la hachette du manche qui, restant armé du couteau, offre aussitôt un outil avec lequel on frappe sur le dos de la hachette placée sur l'écorce en guise de ciseau à froid. Les dents, qui forment creux dans le tranchant, sont destinées à prévenir une entaille dans le *liber*, et à ménager le tissu si facilement *arrachable* dont l'enlèvement détermine à coup sûr une blessure préjudiciable. En agissant avec la hachette et le marteau, il est facile de diviser très exactement la tige en suivant de la façon la plus régulière la périphérie du surier;

Démasclage et récolte du liège dans les départements du Midi, d'après l'ancien procédé.

cette section nette donne à l'arbre écorcé un cachet de propreté et de perfection de travail, de coquetterie, si l'on peut s'exprimer ainsi, qui plaît à l'œil et que l'observateur apprécie, même dans les bois.

Les écorces, remises en place comme nous l'avons dit, sèchent lentement à l'air et bien mieux qu'en tas, tout en protégeant l'arbre des atteintes extérieures, Dès le commencement du mois d'octobre elles sont emportées à l'usine, prêtes à subir le bouillage et le raclage, opérations qui, suivant l'ancienne routine, ne pouvaient guère se pratiquer que six mois après la tire.

Avec le procédé de démasclage, de tout temps usité dans les pays de production, l'écorce des jeunes arbres n'a qu'une valeur inférieure : ce sont eux surtout qui sont appelés à bénéficier le plus du procédé de revêtement. Dès le premier démasclage ils donneront toujours à l'avenir une écorce de première qualité, lisse, homogène, sans tare, et seront aptes à tout travail du liège; sans revêtement, ils continueront à produire une écorce encroûtée, crevassée et piquée, seulement utilisable pour des engins de pêche ou autres appropriations de peu de valeur.

Une des objections le plus souvent faites à M. Capgrand-Mothes sur son procédé est celle qui a rapport au vol des planches de liège exploitées, restant employées pendant trois mois au revêtement des chênes du liège démasclés et qu'il est facile d'enlever par fraude.

M. Capgrand-Mothes nous a répondu lui-même à cette question, que le placement des planches volées serait impossible et que les marchands à qui on offrirait quelques planches reconnaîtraient vite leur origine frauduleuse et s'empresseraient d'en informer les propriétaires avec lesquels ils sont en relation. Quelques marchands interrogés à ce sujet, moins convaincus du désintéressement de leurs confrères, admettent la possibilité du vol, ayant toujours entendu parler, disent-ils, du *liège de lune*, c'est-à-dire du liège volé après le coucher du soleil, et quand les gardes et les exploitants dorment tranquillement; mais ils font remarquer, avec raison, qu'il sera toujours moins facile de voler des planches attachées pendant trois mois avec des fils de fer sur des arbres disséminés que des lièges déposés en tas pour sécher pendant tout l'hiver le long des chemins d'exploitation.

Une autre remarque qui a été faite au sujet de la valeur des procédés de M. Capgrand et qu'il faut expliquer, est l'indifférence complète marquée, même par les propriétaires de forêts de chênes-liège voisines de celles de Saint-Pau, appartenant au savant botaniste. On s'est demandé pourquoi tous ces liégeurs n'employaient pas la nouvelle méthode si elle était vraiment avantageuse, et on a pu répondre ce qui suit :

Il est trop vrai que les voisins ne paraissent pas se préoccuper de l'importante découverte qui est appliquée sous leurs yeux, et quand on sort des bois de M. Capgrand-Mothes, dont les soins minutieux font plaisir à constater et dont les tiges de chênes écorcés depuis un an montrent cette jolie teinte rose qui plaît à l'œil, on est subitement attristé par les vides nombreux qui se trouvent dans les bois de la même contrée, les arbres morts laissés sur pied et la couleur noire des chênes démasclés, couleur produite par la décomposition du tannin exposé à toutes les intempéries. M. de Montesquiou, président du Comice

Revêtement des chênes-liège après le démasclage, d'après le procédé de M. Capgrand-Mothes.

agricole de Nérac, dit lui-même, dans son rapport à la Société des agriculteurs de France, à propos du brevet pris par M. Capgrand-Mothes : « Cette sage prévoyance, qui devrait être plus particulièrement favorable à nos nationaux, le sera-t-elle? Le doute est permis si l'on songe que le caractère de nos populations méridionales est peu porté aux innovations et qu'il faut un temps infini pour faire pénétrer le moindre progrès chez nos cultivateurs routiniers. »

Ainsi disparaissent toutes les objections élevées contre le nouveau procédé, qui, d'après les hommes les plus compétents, doit amener à bref délai une révolution complète dans l'exploitation du chêne-liège.

Lorsqu'on a vu sur place les arbres soumis au revêtement récent, on est frappé de la subérisation avancée, presque complète après six mois, d'une couche protectrice unie et homogène exempte de croûte, de crevasses, et offrant la couleur brun clair rosée du beau liège : on reste convaincu, après le plus sérieux examen, que le procédé de revêtement est désormais jugé et qu'il est appelé à donner des résultats pratiques de la plus grande valeur.

Le revêtement de la mère au moment du démasclage s'impose comme prévenant les effets préjudiciables de l'insolation, de la pluie, de l'air, des insectes, en mettant à néant les causes qui entraînent ces effets; il avance d'un an la récolte des écorces sur les arbres déjà démasclés, et permet aux jeunes arbres soumis pour la première fois au démasclage de donner à la première tire des écorces d'une valeur égale à celles des vieux arbres.

En séchant sur place en trois mois, l'écorce peut être expédiée directement aux usines pour être bouillie et raclée : une économie considérable de manipulations, de transports et de temps est la conséquence certaine de ces divers avantages.

En adoptant cette méthode, le sylvicuteur pourra, à l'avenir, avancer de plusieurs années la production du surier en obtenant un liège d'une valeur marchande plus considérable que par le passé; il préviendra la mortalité résultant des insolations, et les dégâts commis par les insectes ; il fera une économie notable sur le transport des écorces, gagnera un temps considérable dans leur desséchement, réduira le déchet occasionné par le raclage; il pourra enfin vendre le liège au poids et affranchir désormais cette production d'une mesure dont le contrôle est impossible.

D'après les calculs de M. Capgrand-Mothes, les avantages de son nouveau procédé sont tels que, par suite de l'amélioration de qualité du liège et l'absence de croûte, la différence du produit retiré, par l'une et l'autre méthode de culture, de la vente du liège, varie du simple au double : c'est-à-dire que, tandis que la vente de 1200 kilogrammes de liège, récolté suivant l'ancien mode, produit une somme de six cents francs, elle en donne treize cents quand le revêtement a été employé.

D'ailleurs justice a été rendue aux travaux de l'infatigable liégeur, car ses découvertes ont reçu les récompenses qu'elles méritaient. M. Capgrand-Mothes a reçu un grand prix de la Société des Agriculteurs de France, un diplôme d'honneur de la Société d'Encouragement à l'Agriculture et plusieurs médailles d'or. Il ne reste plus qu'à donner à ces progrès une consécration qui les mettrait accessibles à tous les liégeurs. Il s'agit d'intérêt public, et certainement ces nouveaux procédés devraient pouvoir être mis en pratique par tous, afin d'assurer à l'industrie française du liège la suprématie sur les produits des pays rivaux.

La loi sur les brevets reconnaît au gouvernement le droit de racheter un brevet et de désintéresser l'inventeur, quand l'intérêt public est particulièrement visé par cette mesure. Or, dans le cas présent, le gouvernement ne saurait trouver une meilleure occasion d'user de ce droit, soit pour en bénéficier lui-même dans les cultures de l'État, soit pour en faire bénéficier ses nationaux, qui seront ainsi entraînés à mieux faire, et à ne pas se laisser dépasser dans cette production par les États voisins. Si l'agriculture en France mérite toutes les sollicitudes de l'État, celui-ci en retour ne doit-il pas profiter de toutes les occasions qui se présentent de répandre les bonnes doctrines?

C'est pourquoi nous espérons que, dans un temps très prochain, le procédé de culture et de récolte du liège de M. Capgrand-Mothes sera mis dans le domaine public, et donnera à l'industrie française, qui travaille ou utilise le tissu subéreux, une nouvelle force pour lutter contre la concurrence étrangère.

# CHAPITRE V

## PHYSIOLOGIE VÉGÉTALE DU LIÈGE

On rencontrerait difficilement un sujet plus intéressant que celui que nous nous proposons de développer ici. Quelle plus sublime manifestation de la vie peut-on trouver, en effet, que celle de la génération? La majesté du phénomène s'étend jusqu'à la reproduction des plantes.

Avant l'application du microscope à l'organographie végétale, on n'accordait aux plantes qu'une existence particulière, de beaucoup inférieure à celle dont jouissaient les animaux.

Nous savons aujourd'hui qu'elles diffèrent peu cependant; en effet, la cellule végétale est absolument semblable à la cellule animale. Ce fait, d'une importance capitale, demande à être rapidement expliqué. On donne le nom de *cellule* à chaque individu, à chaque être qui vit, qui respire, se nourrit, mais vit toujours tout seul; or, les végétaux ne sont autre chose qu'une immense agglomération de cellules. La plante est une multitude, a dit Engelmann; en effet, un rosier ou un chêne cachent sous une apparente unité l'agglomération d'innombrables plantes annuelles qui se développent et vivent de leur existence propre.

Nous avons établi que la cellule végétale était une unité d'un tout immense, qui s'appelle plante ou arbre. Or la cellule végétale est semblable, avons-nous dit, à la cellule animale ; en d'autres termes, l'unité végétale ressemble à l'unité animale ; comme elle, elle se développe et obéit aux mêmes influences physiques; cette ressemblance d'origine apporte dans la science une majestueuse unité, elle nous montre la plante comme la plus faible manifestation de la vie, comme l'embryon de la nature vivante.

Du bourgeon, qui est le principe vital de la plante, sort l'arbre tout entier ; c'est lui qui possède la puissante faculté de reproduire et de transmettre la vie.

A notre sens pratique, le seul but de l'arbre, c'est la formation du bois, du ligneux ; en réalité il n'en est rien, ce n'est qu'un résultat pour la plante.

Le bois, le ligneux, n'est formé que par les excrétions de la plante, qui attire vers son centre toutes ses forces vives pour la reproduction des générations nouvelles. Le bois devient donc, comme une sorte de terrain d'où sortent les bourgeons naissants. C'est surtout dans l'arbre qui nous occupe que l'étude de ces couches anciennes va devenir curieuse et intéressante.

Pour fixer les idées, nous allons supposer un arbre à sa naissance ; nous le suivrons dans le développement de sa puissance et nous assisterons à ses dernières minutes.

On sait que le *liège* n'est qu'une des nombreuses espèces du chêne : or, en étudiant la vie d'un chêne, nous aurons fait l'histoire d'un liège ; c'est l'histoire de tous les arbres à peu près, car on retrouve dans les œuvres de la nature cette grande loi qui s'impose : la simplicité dans la cause, la mutiplicité dans les effets.

Le hasard a apporté dans un endroit quelconque un gland de chêne roulé dans la poussière, puis, enfoncé dans la terre, il y a attendu, bien longtemps peut-être, une goutte de pluie et un rayon de soleil.

La pluie est venue, a détrempé le sol, et le gland, lorsque le soleil a lui, a commencé par effectuer une série de transformations qui sont réunies sous le nom de *germination*.

Nous retrouvons ici, dans toute sa simplicité, la marche régulière de la nature : comme dans la reproduction humaine, un germe s'est trouvé jeté par le hasard, puis, sous la chaude haleine d'un soleil d'été, il s'est développé et a vu le jour. Que ce soit le sein d'une mère, l'aile d'un oiseau ou la fange tiède qui lui serve d'abri, l'embryon, sous l'influence de l'incubation, commence sa vie de la même manière.

Il y a longtemps qu'on l'a dit, la graine est un œuf végétal qui contient les mêmes principes vitaux et suit la même évolution pour arriver à son développement. On y a trouvé de l'*albumen* de composition analogue à celle du blanc d'œuf et du *vitellus* correspondant au jaune; c'est ce *vitellus* réduit à une infinie petitesse qui contient cette étincelle échappée à la plante mère.

Dans le sein de notre gland dont toutes les cellules nous semblent identiques, il s'est accompli un phénomène admirable : un double courant vital s'est déclaré; l'un alimentera la tige, l'autre, s'enfonçant dans la terre, nourrira les racines.

A droite et à gauche du gland étaient les rudiments des deux premières feuilles; au milieu était la gemmule ou le germe, et au bas le principe de la racine.

Quelle ordonnance admirable dans sa simplicité!

Voyez quelle merveille de la nature! Ce gland n'est autre chose qu'un chêne microscopique ; il possède en lui-même tous les éléments de l'énorme agglomération qui formera peut-être plus tard cet arbre colossal dont la verte ramure couvrait vingt cavaliers à cheval.

Où l'on reconnaît surtout la prévoyance de cette bonne mère, c'est dans la loi formelle à laquelle aucun végétal ne peut se soustraire, la loi d'après laquelle les forces vives de la plante se partagent et se dirigent vers le ciel ou dans les profondeurs de la terre. Quelle merveilleuse faculté que celle qui permet au végétal de pousser, quelque obstacle qu'on lui oppose, ses feuilles vers la lumière! Autant l'une des tiges met d'énergie à s'élancer vers le soleil, autant l'autre en met à s'enfoncer dans la terre.

Comme la petite plante est encore faible! Les petites radicelles sont à peine visibles, et sa minuscule tigelle montre imperceptiblement au-dessus du sol un point verdâtre. Croyez-vous que la nature va l'abandonner ainsi, chétive et incapable de lutter et de se nourrir? Non. De chaque côté de la plantule sont deux réservoirs que remplit une substance albumineuse. Cette substance, dure d'abord, se ramollit sous l'influence de l'humidité, elle se liquéfie même, de façon à être plus assimilable pour le jeune chêne qui, nourri de la sorte, se développe rapidement, car ses racines, pendant les quelques jours que la plante s'est trouvée allaitée pour ainsi dire, ayant pris de la force, percent la terre, se couvrent de suçoirs et allongent leurs rameaux pour puiser dans le sol les éléments nutritifs nécessaires à la tige.

Nous pouvons nous arrêter un instant. Notre chêne est maintenant à même de se suffire : ses racines sont déjà assez fortes et ses feuilles, quoique petites et froissées, lui permettent de respirer.

Ne trouvez-vous pas qu'il a grand air notre chêne? Il commence déjà à déployer ses folioles au soleil et prend l'apparence dominatrice que nous retrouverons plus tard à son épaisse ramure. Les racines ne sont pas restées inactives ; elles se trouvent également développées et s'étendent maintenant au loin, fixant la plante au sol où elles aspirent les principes nécessaires ; elles absorbent les liquides de la terre qui, chargés d'acide carbonique, fournissent aux cellules de la plante les matières dont elles ont besoin.

Nous sommes arrivés à une excellente époque de la vie de notre végétal. Nous pouvons retourner un instant en arrière et dire un mot d'une fonction fort intéressante, dont nous n'avons pas encore parlé, je veux dire la *sève*. Jusqu'à présent, on n'a pas répondu d'une manière suffisante à la question du mouvement de la sève; en conséquence nous donnerons seulement quelques-unes des hypothèses qui ont été proposées pour expliquer son double mouvement d'ascension et de descente dans les rameaux.

On connaît généralement le phénomène physique désigné sous le nom d'*endosmose;* il va nous servir à expliquer la circulation végétale. Les tissus des plantes se composent tout d'abord de cellules placées les unes à côté des autres; plus tard, elles produisent par leurs changements de forme les vaisseaux, et enfin, en s'engorgeant et en se desséchant, elles forment les tiges ligneuses qu'on appelle vulgairement le bois. C'est par une suite de phénomènes semblables à ceux que nous venons de signaler, que l'écorce de certains chênes (*quercus suber*) acquiert les remarquables facultés que nous trouvons réunies dans le liège. — On conçoit que ce que nous disons des chênes et des arbres en général s'applique d'une façon absolue au chêne-liège.

Les vaisseaux que nous avons vus se former par la désagrégation des cellules peuvent être considérés comme des tubes capillaires qui permettent aux liquides absorbés par les racines de monter dans le corps de la plante en vertu des phénomènes de capillarité qui sont généralement connus.

Quant à l'endosmose, on comprend comment elle s'exercera : la densité des liquides renfermés dans les cellules, croissant à mesure qu'ils s'élèvent dans la tige, les particules aqueuses aspirées par la partie inférieure de la plante seront forcées de monter de cellule en cellule jusqu'à l'extrémité des rameaux les plus élevés.

C'est par une sorte de respiration particulière que s'accomplissent les remarquables effets connus sous le nom de *sève ascendante* et *sève descendante :* la sève montée au travers des tissus profonds du végétal redescend par les tissus de la surface entre le bois et l'écorce, et l'on peut constater cette curieuse unité que la nature s'est efforcée de produire dans toutes ses œuvres. La sève, partie de la racine, revient à la racine après avoir revivifié les tissus qu'elle a parcourus. Trouve-t-on autre chose dans la nature animale, et le sang, qui est la sève animale, ne part-il pas du centre de la vie, animant la machine sur son passage pour revenir enfin à son point de départ?

Nous avons vu que notre chêne se répandait avec

la même vitalité au-dessus et au-dessous du sol : tandis que les branches se sont allongées, que les feuilles ont poussé, ses racines, contournant les obstacles, évitant tous les endroits dangereux, se sont répandues sous le sol et vont, comme les bras immenses d'un être gigantesque, recueillir dans toutes les directions les sucs nutritifs dont la plante a besoin.

Sur l'arbre se forment des bourgeons, d'où partent des rameaux et des branches ; l'axe grossit, et chaque année de l'existence de notre végétal sera marquée par une couche de bois. Ces couches nous indiqueront d'une façon certaine l'âge d'un chêne ou d'un autre arbre. Faisons-nous autre chose lorsque nous étudions les dents d'un cheval ?

On a pu rester surpris de tout ce qui précède, des rapports frappants qui existent entre l'organisation générale des végétaux et des animaux ; cette ressemblance devient absolument merveilleuse dans les particularités suivantes qu'on rencontre dans les deux règnes.

La caractéristique de la vie humaine, c'est la respiration. Un être vit tant qu'il respire ; il meurt dès qu'il n'accomplit plus cette fonction. Eh bien ! le végétal respire aussi. On peut en juger par l'étude curieuse des fonctions de la feuille.

Ce n'est pas le lieu de donner ici la description physiologique de la feuille ; qu'il nous suffise de rappeler que, comme dans le sang, on rencontre du fer dans la matière verte des feuilles.

La surface des feuilles présente un grand nombre de *bouches* (que les savants appellent *stomates*) qui se trouvent en communication avec des sortes de poches à air qu'on rencontre dans les tissus. On peut dire,

Chêne-liège (*Quercus occidentalis*), du midi de la France.

d'une façon générale, que les feuilles sont les organes de la respiration chez les végétaux ; leur sève a besoin d'être en contact avec l'air ambiant, pour se convertir en particules : nutritives ce sont les feuilles qui accomplissent cette opération.

Un phénomène intéressant se remarque encore dans l'attrayante étude que nous avons entreprise : toutes les parties vertes du végétal semblent favoriser le double phénomène de la respiration végétale, c'est-à-dire l'absorption de l'acide carbonique contenu dans l'air, qui constitue une sorte d'inspiration, et l'expiration, qui se produit sous l'influence de la lumière en abandonnant le carbone de la plante, tandis que l'oxygène s'échappe.

De même que les êtres vivants ont besoin d'air pour vivre, les plantes s'étiolent et meurent lorsqu'elles sont loin de la lumière. Une remarque pleine de philosophie a souvent été faite sur la sagesse de la nature. Quelle plus belle manifestation de la majesté de ses transformations peut-on rencontrer que celle qui a placé dans le bois de nos arbres la chaleur latente que le soleil y avait emmagasinée ? Merveilleuse transformation qui met entre les mains de l'homme les rayons du soleil condensés dans une enveloppe ligneuse, pour réchauffer ses membres engourdis ou donner la puissance à ses machines !...

Mais il est temps de revenir à notre chêne. Les années se sont écoulées et son écorce s'est durcie, le cœur de l'arbre est devenu noir et les fibres se sont tellement resserrées que les outils de l'acier le plus dur s'ébrèchent sur sa surface. Si, avec les années, la majesté de son aspect s'est accrue, il écrase sans pitié les humbles plantes qui l'entourent. Il a absorbé par ses nombreuses racines les sucs de la terre, et, en étendant orgueilleusement ses branches, il trouve la vie dans l'atmosphère qui baigne ses rameaux noueux, étouffant, tyrannisant tout ce qui l'entoure, abusant à son profit des largesses de la nature.

On a pu remarquer les singuliers rapports qui existent entre les végétaux et les animaux. Nous devons aussi signaler les divergences qui les séparent. La vitalité, chez les animaux, se concentre au plus profond d'eux-mêmes. Chez eux, c'est le cœur qui bat le premier, c'est aussi le cœur qui marque leur dernier instant. Chez les végétaux, l'aubier, que est la partie centrale, peut mourir et se décomposer, l'écorce semble posséder une vitalité propre des plus singulières, et, tandis qu'elle revêt un arbre mort jusqu'au cœur, elle continue à se reproduire lorsqu'elle a été enlevée volontairement ou accidentellement. C'est ce qui explique comment on parvient à récolter du liège de qualité encore satisfaisante sur des chênes presque desséchés.

On pourrait dire que la vie des plantes est sujette aux mêmes vicissitudes que l'existence humaine. Aussi ne tarderons-nous pas à voir ce chêne robuste et majestueux perdre jusqu'à la dernière étincelle de vitalité.

Le tronc, rongé peu à peu par les insectes et les innombrables tribus de fourmis, tombera en poussière; pendant plusieurs années, la vie subsistera quand même dans l'écorce extérieure. Cette vitalité est si tenace que, pendant de longues années encore, le chêne gardera sa verte frondaison qui ne sera entretenue que par sa circulation corticale.

Cette énergie vitale a conduit les savants à une découverte remarquable. En effet, si les organes sont si peu liés ensemble, si la plante n'est, comme on l'a dit, qu'une réunion d'organes, on peut, en rapprochant deux végétaux de la même famille dont les branches sont amenées au contact, souder, fibre à fibre, les deux sujets. Les premières tentatives faites dans cette voie ont donné les résultats les plus heureux. Ces expériences ont été immédiatement suivies d'études semblables faites sur le règne animal et ont eu sur les progrès des sciences une influence des plus marquées.

Ainsi, rien que pour le boisement, combien d'utiles remarques ces études ont permis de faire! On a constaté l'influence hygiénique des arbres, et partout on en a planté, aussi bien dans les villes que sur les flancs des montagnes. Les bois ont une influence sensible sur les perturbations atmosphériques et leur utilité est incontestable.

Nous avons vu notre chêne puissant et orgueilleux, mais sur notre planète chaque chose animée est entraînée dans un cycle fatal. Le passage sur la terre se fait en trois étapes bien distinctes et irrévocables dans leur grandiose unité : la naissance, l'apogée et la mort. Le chêne, malgré sa majesté et sa puissance, n'est pas à l'abri de cette loi inflexible. Il dure seulement un peu plus longtemps ; ce n'est qu'une question de quelques années.

Lorsque deux ou trois siècles l'ont vu poussant ses rameaux vigoureux et brutaux, il semble défier le ciel de ses branches étendues, mais après sa période de jeunesse, ses fonctions vitales se ralentissent, puis s'arrêtent complètement.

Cet état dure de longues années, mais la mort,

dans son œuvre destructive, avance d'un pas lent et certain, et le géant des forêts sent sa tête feuillue ébranlée par les incessantes attaques du vent.

C'est alors que le chêne, cet arbre si puissant, présente un aspect lamentable. Cet égoïste cruel, qui a étouffé sans pitié la végétation qui l'entourait, va partir branche par branche.

On voit déjà l'extrémité de ses rameaux se dépouiller : les feuilles, jaunâtres, sont rares; la sève ne circule plus que lentement dans les vaisseaux obstrués, des fragments d'écorce et de liège se détachent chaque jour, laissant d'horribles plaies béantes.

Tout un monde d'êtres grouillants, vers et larves, s'est déjà emparé du colosse; ils ont creusé dans son aubier leurs galeries profondes, et toute cette armée de rongeurs et de parasites se dispute sans relâche le tronc qu'ils dévastent jusqu'au cœur.

Mais l'arbre est toujours debout et semble, dans sa vieillesse isolée, mépriser les attaques de ces myrmidons qui le minent. Sa cime décharnée s'élève encore fièrement au-dessus des autres arbres de la forêt; ses longues branches, que les feuilles ont abandonnées, se choquent tristement au souffle du vent : c'est un squelette d'arbre qui se raidit dans la mort et garde jusqu'au dernier moment sa majesté.

Enfin, un jour de tempête, le vent, dans ses tourbillons redoutables, a senti faiblir le vieux chêne; il redouble ses efforts : tantôt, passant dans les hautes branches dénudées, il arrache et entraîne toute une portion de la tête, tantôt c'est le tronc creusé qu'il attaque et qu'il fait plier sous son souffle puissant et brutal.

Un craquement funèbre a retenti; le vieil arbre est

mort, il s'est écroulé sur la terre qu'il a abritée, comme un géant vaincu qui tomberait, le flanc entr'ouvert et les bras étendus. Il est mort, mais la vie s'empare de ses débris, et dans les cavités de son tronc vermoulu s'installent et se développent toutes les familles végétales et animales qu'il avait écrasées du temps de sa splendeur.

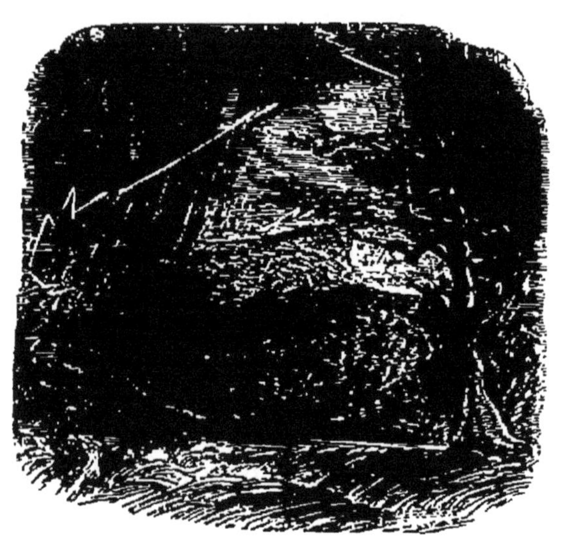

# CHAPITRE VI

## LES MACHINES A TRAVAILLER LE LIÈGE

Une fois classé suivant son épaisseur et sa qualité, et tassé en balles pour être expédié aux industriels qui doivent le mettre en œuvre, le liège entre dans une nouvelle phase : il devient matière première et base d'un important commerce qui prend chaque jour une extension plus considérable.

Le liège en cylindres ( ou en *canons*, comme disent les liégeurs) est ordinairement d'une valeur inférieure à celle du liège en planches provenant de troncs d'assez grand diamètre et démasclés en plusieurs morceaux. Cependant on peut en tirer d'excellents bouchons, tout aussi bien que si c'étaient des plaques de belles dimensions. En général, lorsque les écorces ont plus de 25 millimètres de diamètre, elles servent à faire des bouchons. Lorsque leur épaisseur est moins grande que cette moyenne, ou que les planches sont crevassées jusqu'à une certaine profondeur, on les utilise soit comme enveloppes calorifuges, garnitures diverses, appareils de sauvetage ou moules de passementerie.

Quand le bouchonnier reçoit sa cargaison de liège nouvellement récolté et parfaitement classé, il la met immédiatement en œuvre pour transformer les cylindres et les plaques d'écorce en bouchons de toutes grosseurs. Au début, tout le travail s'exécutait manuellement, mais depuis quelques années, et vu la demande de plus en plus grande du commerce, ces opérations préparatoires s'opèrent mécaniquement, ce qui permet de gagner du temps et d'établir plus économiquement le prix de revient des bouchons.

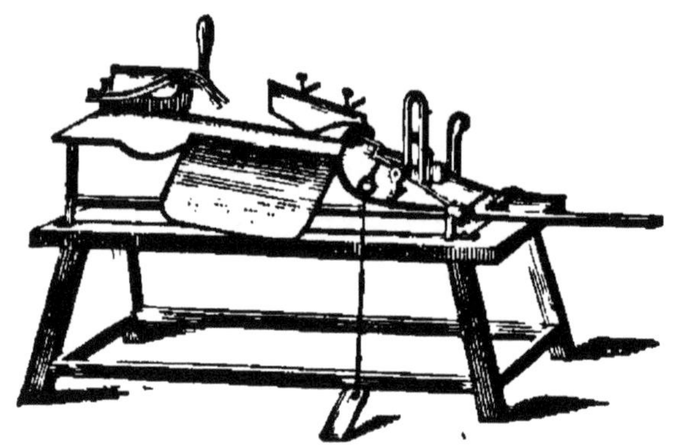

Machine Demuth pour couper le liège en bandes.

L'emploi du bouchon n'est d'ailleurs que de date assez récente. Les anciens bouchaient leurs fioles avec des cylindres de bois garnis de toile absolument comme les vignerons le font encore aujourd'hui pour leurs tonneaux. Les premiers bouchons de liège taillés mécaniquement apparurent en 1816, et depuis, il a été inventé un grand nombre de systèmes différents de machines. Les meilleures seront toujours celles qui permettront de bien utiliser le liège en faisant le moins de déchets possible. Il faut que la machine agisse comme le tourneur au couteau, pour donner de bons résultats, et que le mécanicien qui la construit soit doublé d'un bouchonnier. Examinons donc les différents types et modèles proposés depuis le commencement du siècle pour le travail rapide du tissu subéreux.

A l'exposition de Paris en 1855, on remarquait déjà, paraît-il, des machines pour l'industrie des bouchons. Ces machines étaient dues à un négociant marseillais, M. Duprat, qui désirait réaliser au moyen de ces appareils le problème de la fabrication rapide des bouchons de liège.

Les machines de M. Duprat étaient au nombre de trois : une *coupeuse*, une *perceuse* et une *tourneuse*. La première était un couteau circulaire, mû à la main et dont l'office était de couper la planche de liège en bandes de largeur égale à la hauteur des futurs bouchons (Il est à remarquer qu'il est indispensable que, quelles que soient la forme et les dimensions des bouchons qu'on veut obtenir, il faut tenir compte, en vue de leur solidité, du sens dans lequel ces cylindres doivent être pris dans le liège. En général, la règle est la suivante : l'axe du bouchon doit être parallèle à l'axe de l'arbre qui a fourni l'écorce, et le sens voulu est facilement reconnaissable aux stries colorées dues aux couches annuelles de la substance subéreuse, et que l'on remarque dans le sens de l'axe du bouchon. Seuls, les bouchons plats ou *topettes* sont découpés perpendiculairement à l'axe du chêne-liège).

En sortant de la première machine, les morceaux de liège coupés suivant le procédé de M. Duprat sont remis à l'ouvrier qui dirige le second appareil, dont le but est de donner au bouchon la forme approximative qu'il devra conserver.

Cette machine appelée *perceuse* consiste en un grand châssis vertical, portant huit emporte-pièce cylindriques de différents diamètres, et animés d'un vif mouvement de rotation autour de leur axe. L'ouvrier prend une poignée de morceaux de liège plus ou moins équarris, et, suivant leur grosseur et leur qualité, il les présente à tel ou tel emporte-pièce en mouvement, de manière toutefois à éviter le plus de déchet possible, une fois les parties crevassées et irrégulières mises au rebut.

Lorsque le bouchon était ainsi taillé, on le soumettait à une troisième opération, à la *tourne*, qui s'exécutait sur une dernière machine, la *tourneuse*, laquelle enlevait sur chaque cylindre de liège une pellicule plus ou moins épaisse, jusqu'à ce que le bouchon fût devenu bien lisse et de forme bien régulière. Dans cet appareil, chaque bouchon était conduit, à tour de rôle, entre deux griffes métalliques qui le saisissaient entre ses deux bases et l'entraînaient, par un mouvement de rotation intermittent, jusqu'à un couteau à lame horizontale et tranchante, qui détachait un copeau tout autour du cylindre à égaliser. Le couteau était sans cesse alimenté par une chaîne sans fin sur laquelle les bouchons à terminer étaient placés à la main. Enfin, si une retouche était nécessaire, ou si le bouchon devait avoir une forme conique, il était achevé par un second passage sur la tourneuse, pendant lequel on le faisait tourner excentriquement autour de son axe. Les topettes étaient fabriqués d'une façon identique et sur la même machine.

Un savant connu, inventeur à ses heures, Jobard, a décrit dans le *Dictionnaire des Arts et Manufactures* de Laboulaye une machine du même genre qu'il avait imaginée, et dont le but était de tailler le liège en plaques minces, en vue de diverses applications. Mais cette machine n'ayant guère existé que dans l'esprit de son inventeur, nous n'insisterons pas sur les détails de son fonctionnement, n'ayant à parler ici que des appareils qui ont été construits et qui ont donné des résultats pratiques.

Les machines de M. Demuth, d'un usage universel dans tous les ateliers de travail du liège, méritent, beaucoup plus que celles de Jobard, qu'on s'y arrête. La première est celle qui permet de couper le liège en bandes, la seconde débite les bandes obtenues en carrés (ou mieux en parallélipipèdes) de toutes grosseurs.

La première machine de M. Demuth se compose d'un bâti robuste en bois, sur lequel sont fixés les supports d'un couteau de forme triangulaire, et une table en métal sur laquelle l'ouvrier place les planches de liège à diviser. Le couteau est disposé *verticalement* et il avance *horizontalement*, jouant en quelque sorte le rôle d'une espèce de rabot. Un dispositif des plus ingénieux et que nous étudierons plus loin permet de conserver à la lame le *fil* qui lui est nécessaire pour trancher sans aucun arrêt les bandes de liège, quelque épaisses qu'elles soient.

Le second appareil constitue la *machine à fabriquer les carrés de liège*, et il est monté, comme le premier, sur un bâti en forme de table. Le couteau, à tranchant oblique, est disposé verticalement et monté sur un chariot muni de galets glissant sur trois rails parallèles et superposés. Un guide en fer est garni de quatre plaquettes de fer que l'on peut écarter plus ou moins. L'ouvrier, pour couper les bandes, les appuie contre le guide et pousse le couteau qu'il tient par la poignée verticale qui le surmonte. Plusieurs carrés sont tranchés, détachés et immédiatement triés par la machine elle-même. Dans les paniers placés sous la machine tombent les carrés par rang de grosseur, et les déchets en dernier lieu. Cette machine, qui peut être mise en marche par le premier venu sans apprentissage préalable et sans étude pratique d'aucune sorte, permet de couper huit mille carrés de liège par jour, et sans la moindre fatigue, car le mouvement du couteau est si facile qu'une femme ou un enfant peut le faire fonctionner.

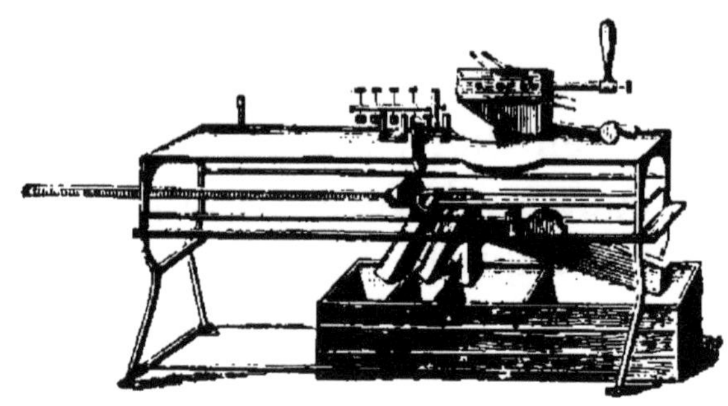

Machine Demuth à couper les carrés de liège.

Suivant M. Arthur Good, on a récemment construit et expérimenté en France une machine dans laquelle la lame, le couteau destiné à diviser le tissu subéreux, est remplacé par un disque à bords tranchants, animés d'un rapide mouvement de rotation et devant lequel tournent également les carrés de liège. L'affûtage du disque se fait automatiquement sans qu'il soit besoin d'arrêter l'appareil. Cette machine, employée aussi pour le tranchage des lièges en plaques minces, a paru donner des résultats satisfaisants. C'est une véritable *scie circulaire*, rendant le même service pour le coupage du liège que la vraie scie pour le débit des planches et des bois de toute dureté.

Le point le plus délicat, le problème le plus difficile à résoudre pour rendre réellement pratiques les machines à couper le liège sous toutes les épaisseurs, consiste dans l'aiguisage de la lame tranchante, qui perd rapidement son fil lorsqu'elle coupe cette substance compressible et élastique. Il faut donc, pour que la section des morceaux de liège s'opère convenablement, que le couteau agisse, non par pression ou verticalement, mais bien en avançant tout le long de la plaque, du cylindre ou du morceau à couper.

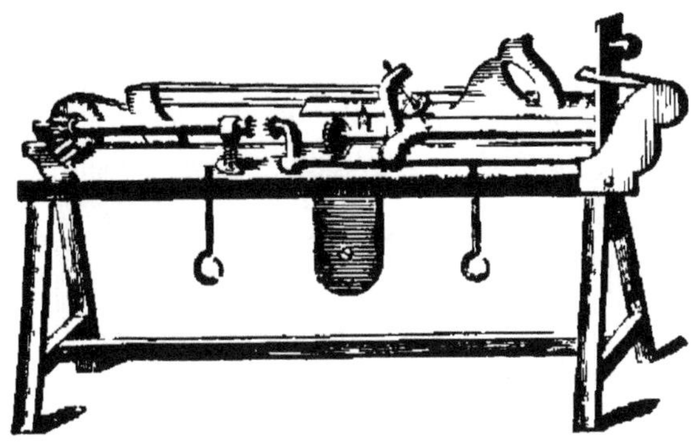

Machine à tourner les bouchons de M. Demuth.

M. Demuth a imaginé, pour n'avoir pas à enlever toutes les cinq minutes le couteau de ses machines et l'affûter, un dispositif très simple et parfaitement combiné. Ce dispositif, appliqué à ses machines à couper le liège en bandes, en carrés, ou à fabriquer les bouchons, a donné les meilleurs résultats. Il consiste en deux molettes en émeri, deux petites *meules* de quelques centimètres de diamètre, sur lesquelles le biseau de la lame vient frotter à chacun de ses mouvements. Dans les machines où le couteau est vertical et où le tranchant est incliné, le mouvement d'avance de la lame est combiné de façon à ce que le système qui porte les molettes d'émeri bascule, et

Machine à compter les bouchons de M. Magau-Scharf.

vienne frotter sur le biseau pendant le retour du couteau à sa position primitive.

Il n'y a donc plus, avec un semblable dispositif, à arrêter le jeu de la machine à intervalles rapprochés pour enlever le couteau usé et l'affûter sur une pierre dure. La lame s'émoud automatiquement au fur et à mesure qu'elle *perd son fil*, et il n'est plus besoin non plus de la graisser, ce que faisaient autrefois les ouvriers bouchonniers, et ce qui communiquait aux vins renfermés dans des bouteilles closes avec de semblables bouchons, dans les pores desquels cette graisse était restée, une rancidité et un goût désagréables, dont l'origine demeurait inconnue. Il n'y a plus que dans les cas exceptionnels, où l'acier vient à être ébréché par le contact d'une pierre ou d'une résine desséchée demeurée dans les pores du liège, que l'on enlève la lame de son support pour la réparer.

Parmi les machines spéciales à l'industrie du liège, on doit citer la *machine à compter les bouchons*, due à M. Magau-Scharf, et dont la construction est vraiment remarquable. Qu'on se figure une grande boîte prismatique, montée sur quatre pieds et munie d'une manivelle. Cette boîte est surmontée d'une espèce de trémie en bois, comme tout le corps de l'appareil, et qu'on remplit de bouchons. Le fond de la boîte étant horizontal, le dessus est donc incliné à 45 degrés environ, et il est recouvert d'une toile métallique. Enfin ce dessus se compose de petites rigoles, creusées en forme de demi-cylindres et qui sont bouchées, à leur partie inférieure, par des tiges métalliques mobiles.

Lorsqu'on communique un mouvement de rotation à la manivelle, un cylindre de bois qui bouche la partie inférieure de la trémie tourne sur lui-même et fait tomber les bouchons en ligne les uns derrière les autres et de bout, dans les rigoles qui se remplissent. Puis, une fois ces rigoles pleines, les tiges qui les ferment se soulèvent automatiquement, et chaque bouchon qui passe et tombe est compté par un appareil spécial adjoint à la machine. Avec une machine de ce genre, possédant vingt rigoles placées côte à côte comme celle que nous avons vue fonctionner chez plusieurs bouchonniers, il n'est pas difficile de compter huit cents bouchons à la minute, ou *cinquante mille par heure*, dûment comptés et enregistrés par la machine elle-même.

Nous pourrions continuer à décrire plusieurs autres machines similaires, employées dans l'industrie du liège, mais comme nous les retrouverons dans d'autres parties de cet ouvrage, nous en arriverons de suite aux bouchons, — sans insister outre mesure sur ces machines, qui ne présentent, en somme, qu'un intérêt secondaire, purement historique et technique.

# CHAPITRE VII

## L'INDUSTRIE DES BOUCHONS

Le prinçipal emploi du liège, ce qui constitue l'utilisation la plus importante de ce produit végétal, est sans contredit sa transformation en fermetures hermétiques, imperméables et incorruptibles, pour les bouteilles et flacons de tous genres. La consommation des bouchons de toute espèce atteint aujourd'hui un chiffre formidable et constitue une branche remarquable à tous points de vue de notre industrie française.

Les lièges destinés à cette fabrication sont empilés dans une cave humide, puis transportés à l'atelier de bouchonnerie, où ils passent entre les mains d'un ouvrier qui les débite, soit à la main, soit à l'aide d'une machine, d'abord en *bandes* d'une largeur égale à la longueur du futur bouchon, puis en *carrés*, comme nous l'avons vu dans le précédent chapitre. Ces carrés, découpés suivant la grandeur du diamètre des bouchons, sont ensuite plongés dans l'eau bouillante, à l'aide de vastes filets, pour pouvoir être plus facilement travaillés, le liège s'étant développé et dilaté librement dans tous les sens.

Ainsi préparés, les morceaux de liège sont placés

dans un endroit frais et entretenus continuellement humides par de légers arrosages. L'ouvrier bouchonnier entre alors en scène et le liège subit entre ses mains la dernière opération qui doit le changer,

Taille des bouchons à la main suivant le procédé français.

de carré irrégulier, en bouchon cylindrique ou conique.

Ce travail s'exécute de différentes manières, suivant les pays ; ainsi, en France et en Algérie, lorsque la taille des bouchons se fait à la main, l'ouvrier procède ainsi qu'il suit : il saisit entre le pouce et l'index de la main gauche le cube d'écorce et le présente à la lame bien affilée d'un couteau qu'il tient de la main droite. En donnant un mouvement de rotation au carré de liège et en l'appuyant contre le tranchant du couteau animé lui-même d'un mouvement longitudinal, le carré se transforme en bouchon que l'on retouche au besoin par une seconde opération, s'il est demeuré quelque irrégularité dans sa forme.

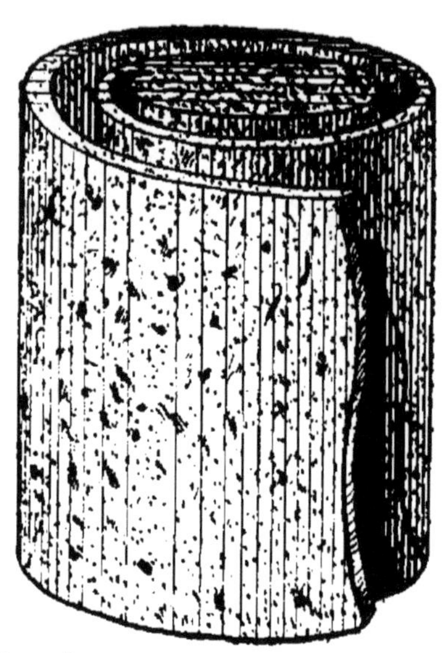

Bouchon en cours de fabrication, montrant le copeau formé.

En Russie, l'ouvrier bouchonnier procède d'une manière toute différente. Il pose le morceau de liège sur une table devant lui, et, au moyen d'un petit couteau manié de haut en bas il taille le bouchon d'un seul coup. En Allemagne, la méthode est de suspendre devant soi, contre sa poitrine, une plaque de liège et de tailler les cylindres sur cette plaque, de la même façon que le Russe sur sa table.

La méthode française de fabrication manuelle des bouchons paraît être la plus rationnelle et la plus expéditive. Un bon ouvrier bouchonnier peut faire de cette façon deux mille bouchons par jour. Nous doutons qu'on aille aussi vite avec les autres procédés, quelque habitude qu'on en ait. Quoi qu'il en soit, la fabrication à la main, d'un prix de revient assez élevé, est réservée aux bouchons de qualité supérieure ; leur forme, qui n'est pas exactement cylindrique, mais plutôt celle d'un polyèdre, d'un carré aux angles arrondis, offre, paraît-il, un avantage sur les formes géométriques rigoureusement obtenues avec les machines. Cette forme carrée est particulièrement recherchée pour les bouchons à champagne, car le serrage des quatre angles arrondis dans l'intérieur du goulot de la bouteille donne seul la perfection recherchée pour les bouchages hermétiques. Le mille de semblables bouchons vaut jusqu'à 120 francs.

Les seuls ennuis de cette fabrication sont la lenteur et les inconvénients inhérents à l'emploi d'un couteau à main qu'il faut sans cesse émoudre sur la pierre à huile. De plus, il est à peu près impossible de tailler tous les bouchons exactement de la même grosseur et du même diamètre. Avant que les machines remplaçant la main de l'homme dans ce travail n'eussent été inventées, des maisons parisiennes ont fait de grandes fortunes en se bornant à assortir simplement les bouchons par grosseurs pour les vendre aux marchands de vins possédant des quantités de bouteilles dont les goulots étaient du même diamètre.

Aujourd'hui, les machines font plus régulièrement et plus vite le travail du bouchonnier, qui n'a qu'à les diriger et les mouvoir pour obtenir des bouchons d'une forme rigoureusement mathématique. Nous décrirons l'un des meilleurs systèmes, dont l'invention est due à M. Demuth, des créations de qui nous avons déjà eu à nous occuper.

Cette machine a la forme d'une table longue et étroite dont le bâti est en fonte et assemblé par des entretoises en fer. Sur le dessus de cette table se trouvent deux glissières entre lesquelles avance un couteau, large et plat, et dont la lame est disposée horizontalement. Le mouvement de va-et-vient de ce couteau est transmis, à l'aide d'une petite chaîne de Vaucanson, à un arbre terminé par un petit disque garni de pointes. Le carré de liège est serré entre ce disque et une autre plaquette métallique, et il peut être plus ou moins rapproché du couteau qui, lui-même, peut être avancé ou reculé en desserrant les écrous qui la maintiennent. Le couteau est muni d'une poignée et se manœuvre comme un rabot.

En même temps donc que l'ouvrier pousse le couteau, le bouchon tourne rapidement sur son axe et un copeau se détache de toute sa circonférence qui devient du premier coup lisse et géométrique. Le dessin nous dispense d'entrer dans de plus longs développements sur cet ingénieux appareil qui permet de faire des bouchons de toutes les grosseurs, en faisant varier la distance de l'axe des disques à la lame, et de les tourner sous une forme cylindrique ou tronconique, suivant que cet axe est parallèle à cette lame ou fait avec elle un certain angle, à volonté. Une semblable machine permet à une femme de faire, par jour, jusqu'à huit mille bouchons, sans peine ni fatigue. D'ailleurs, la meilleure preuve de l'excellence de ce système est qu'il a été plusieurs fois imité et même contrefait.

Vers 1850, on a beaucoup parlé d'un système de découpage et de fabrication des bouchons dû à M. Moreau, qui n'avait pas eu, comme M. Demuth, l'idée fort pratique d'imiter mécaniquement les mouvements exécutés par l'ouvrier bouchonnier pendant son travail manuel. Les carrés de liège, dans le procédé de M. Moreau, étaient usés par leur friction contre des meules garnies d'émeri. Le rapport des vitesses était de 1 à 10 et, après quelques tours, les carrés, usés sur toutes leurs faces, étaient transformés en cylindres parfaitement lisses.

L'inventeur était parvenu par son procédé à façonner des bouchons à tête profilée, et il rêvait de voir chaque grande maison de commerce de vins adopter, grâce à sa méthode, des bouchons de luxe portant la silhouette de son chef. Mais il dut renoncer à faire prévaloir ses idées; le bouchon doit, en effet, être coupé nettement pour avoir le poli exigé par le consommateur.

La qualité recherchée dans un bon bouchon est, avant tout, l'imperméabilité aux gaz et aux liquides, elle peut être éprouvée avant la fabrication, au moyen d'un appareil imaginé par le chimiste Salleron, qui a fait d'intéressantes études sur le liège. Dans cet appareil, les lièges à expérimenter sont soumis à la pression d'un liquide comprimé lui-même à l'aide d'une petite presse hydraulique. Si le liège est bon, il ne doit pas être imbibé de liquides après avoir subi une pression de plusieurs atmosphères.

Lorsque les bouchons sortent de la main de l'ouvrier ou de la machine, on les lave dans un bain contenant de l'acide oxalique ou du chlorure d'étain, puis on les soumet à l'action des vapeurs d'acide sulfureux; ils acquièrent alors la belle teinte jaune paille que nous leur connaissons, et sont devenus veloutés et doux au toucher. On les crible ensuite par ordre de grosseur, puis ils sont triés suivant leurs qualités, comptés à la main ou à l'aide de la machine que nous avons décrite, et enfin emballés par sacs en contenant 15,000 ou 30,000.

Ouvriers taillant des bouchons avec la machine Demuth.

Le déchet de fabrication des bouchons n'est pas moindre de 60 p. 100, et 100 kilogrammes de liège ne donnent que 40 kilogrammes de bouchons. Mais ces rognures et ces déchets sont utilisés dans un grand nombre d'industries; nous les retrouverons plus loin, employés comme matière première de trois applications importantes.

Plusieurs systèmes de bouchage différents ont été imaginés pour remplacer les bouchons de liège, soit pour obtenir une fermeture plus énergique, soit pour avoir une occlusion plus solide, car il arrive souvent, surtout avec les lièges de qualité inférieure, que les bouchons se brisent en fragments lorsqu'on veut les enlever. On a donc inventé les bouchons de verre, dits à l'émeri, les bouchons de caoutchouc pour les chimistes et les pharmaciens, et les bouchons de bois pour les usages domestiques.

Les bouchons à l'émeri sont les plus hermétiques et les plus solides de toutes les fermetures de flacons. Le goulot de la bouteille qu'ils vont obturer doit être d'abord dépoli à l'aide de grès pulvérisé très fin ou de tripoli, puis *rodé* sur un tour de construction spéciale. Cette opération préliminaire accomplie, l'ouvrier cherche, parmi tous les bouchons de verre lisse dont une provision est déposée à côté de lui, un bouchon un tant soit peu plus grand que le goulot de la bouteille. Il rode alors ce cylindre, c'est-à-dire que, garnissant de poudre fine d'émeri le goulot, il communique un rapide mouvement de rotation au flacon monté sur le tour et use la circonférence des deux objets en contact jusqu'à ce que le bouchon de verre pénètre bien dans le goulot.

Les bouchons à l'émeri coûtent naturellement beaucoup plus cher que ceux fabriqués dans l'écorce du chêne-liège, et s'ils présentent sur ceux-ci bien des avantages, ils ont en revanche plusieurs inconvénients dont le moindre n'est pas celui de la casse. Il est vrai qu'ils ferment si bien qu'il arrive souvent qu'on ne peut plus déboucher les bouteilles ainsi closes, autrement qu'en les chauffant, ce qui cause souvent la rupture du goulot ou du bouchon!.. Et un flacon à l'émeri sans son bouchon n'a plus la moindre valeur, car il est presque impossible de retrouver une autre fermeture juste de même dimension.

Les bouchons en caoutchouc, d'un prix assez élevé aussi, sont assez estimés, surtout par les chimistes, car ils sont plus élastiques que ceux en liège et ne noircissent ni ne s'effritent au contact des acides forts comme l'acide sulfurique, azotique ou chlorhydrique. On peut les percer d'outre en outre et les faire traverser par des tubes de verre, et ils résistent parfaitement tout en opérant un énergique serrage, ce qu'il est à peu près impossible d'obtenir avec les bouchons de liège.

Enfin les bouchons de bois, qui rivalisent presque de bon marché avec ceux de qualité ordinaire en liège, sont plus rustiques, mais d'un emploi moins étendu que les précédents. Ce fut en 1851 que M. Lepage imagina les premiers qui furent connus. C'étaient des cylindres en bois dur, buis ou acacia, évidés à l'intérieur et qui s'enlevaient à l'aide d'une clef spéciale et sans le secours du tire-bouchon. Mais les bouteilles devant recevoir ces bouchons avaient besoin d'être intérieurement dépolies comme les flacons à l'émeri afin d'obtenir un serrage plus énergique, de plus le prix en était assez élevé. Toutes ces raisons empêchèrent la réussite du système de M. Lepage.

Intérieur d'une bouchonnerie.

Actuellement le commerce des bouchons de bois tend à prendre une certaine extension, et si un malheur quelconque venait à ravager les plantations de chênes-liège, il pourrait réussir, car, si ces bouchons coûtent assez cher, ils présentent l'avantage d'être inusables, solides et incorruptibles. On a bien simplifié leur construction, ils sont devenus *pratiques*, mais, il faut bien le dire, leur vogue est loin d'égaler celle de leurs concurrents *en liège*. Les chiffres suivants prouveront au lecteur que leur concurrence n'est même pas bien dangereuse :

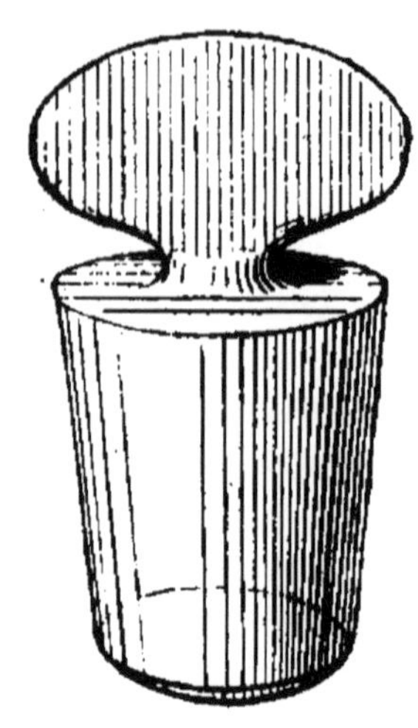

Bouchon « à l'émeri ».

L'Angleterre emploie, tant pour elle que pour ses envois aux colonies et en Amérique, plus de 2 millions de bouchons par jour. L'Europe entière en consomme plus d'un milliard par an. En France, on peut compter que la moyenne annuelle d'argent dépensé en achats de bouchons est de *un franc* par habitant. Si l'on était étonné de ce chiffre, il suffirait de se rappeler que notre beau pays possède 400,000, — *quatre cent mille!* marchands de vin et 150,000 épiciers, et que la moyenne de consommation de bouchons de ces deux honorables classes de commerçants est de 50 francs par an, ce qui donne, pour ces deux professions seules, une moyenne de 27 millions de

Bouchon de bois ancien système.

francs de bouchons par an! Ajoutons à ce chiffre ce qui est employé par les brasseurs, les fabricants d'encre, les parfumeurs, les droguistes, les pharmaciens, et l'on comprendra facilement quelle est l'importance de l'industrie bouchonnière pour le Lot-et-Garonne, le Var, les Landes et les Pyrénées-Orientales, départements où se trouve presque exclusivement cantonnée la fabrication des bouchons de liège consommés en France.

La fabrication des bouchons de liège constitue l'industrie la plus importante parmi celles qui utilisent l'écorce du chêne-liège, et son extension s'augmente chaque jour davantage, — en raison directe probablement du nombre toujours croissant de marchands de vins et de liqueurs dans les pays civilisés. Nous comptons déjà un de ces débitants pour soixante-quatorze personnes dans notre pays; il est à croire qu'on ne s'arrêtera pas là et que l'industrie des liégeurs et des bouchonniers peut encore espérer de beaux jours.

Cette industrie n'est cependant pas fort ancienne. D'après les recherches auxquelles nous nous sommes livré, il nous paraît que la bouchonnerie n'a pas plus de quelques siècles à peine d'existence.

Les anciens pourtant connaissaient le chêne-liège, ainsi que nous l'avons vu précédemment, et les applications qu'on pouvait faire de son écorce n'étaient pas inconnues des Grecs ni des Romains. A ce sujet, les ouvrages de Théophraste et de Pline l'Ancien nous ont donné de précieux renseignements.

Il paraît cependant certain que le liège, ses propriétés et son utilité ont été bien connus et mis à profit dès ces temps reculés. Mais il n'est question que du liège mâle et les anciens ignoraient les

Le mendiant se fit des sandales de liège.

meilleurs moyens d'obtenir le liège de reproduction et de le récolter sans endommager ou même faire périr l'arbre qui le donnait.

A ce sujet, nous raconterons une anecdote qui date de cette époque où les Grecs considéraient encore, comme devaient plus tard le faire les druides gaulois, les chênes comme des arbres sacrés :

Il existait, dans une forêt, à quelque distance d'Athènes, des arbres ainsi entourés de la vénération publique et auxquels on rendait une sorte d'hommage religieux, car ils avaient été consacrés à Jupiter (*Zeus Pater*), et ils étaient considérés comme guérissant de la lèpre. Les malheureux qui se trouvaient atteints de cette affreuse maladie qui les mettait au ban de l'humanité, n'avaient qu'à détacher un fragment de l'écorce de ces chênes, et à porter cette amulette sur eux pour être délivrés

Or, il arriva qu'un jour un passant vint à traverser la forêt de chênes consacrés. C'était un mendiant qui marchait pieds nus. En considérant les arbres, cet homme reconnut des chênes-liège, et, dans le simple but d'alléger ses souffrances en garantissant ses pieds contre les pierres et les ronces du chemin, il détacha de grands morceaux de liège du tronc des arbres de Jupiter, pour s'en faire de grossières sandales.

— Et puis, pensa-t-il, pour se rassurer et pour motiver son impiété, on dit que c'est un préservatif contre la lèpre ! C'est double bénéfice !

Mais Jupiter, paraît-il, avait entendu le blasphème du mendiant. Aussitôt, pour le punir, il retira toute vertu au liège, si bien qu'en arrivant à Athènes, le mendiant était couvert des pieds à la tête de pustules blanches. Il était lépreux !

Alors, plein de colère, dit l'histoire, il arracha ses sandales et les jeta loin de lui, ce qui désarma Jupiter qui lui pardonna et le guérit quelque temps après de sa maladie. Mais depuis cette époque l'homme n'eut plus la moindre confiance dans le liège comme préservatif des maux et souffrances qu'il endurait, et jamais plus on ne s'en est servi comme antidote, Jupiter ayant retiré toute son efficacité au tissu subéreux...

Mais cette légende nous a éloigné de l'histoire du liège.

Après les Grecs et les Romains, on continua à cultiver et à récolter, le moment venu, l'écorce du chêne-liège en vue de diverses applications qui ne franchissaient pas un cercle assez restreint. Dans le midi de la France, en Provence notamment, on l'utilisait sur place, et les anciens Marseillais paraissent s'en être servis comme de flotteurs et pour leurs constructions, ainsi que le faisaient les Grecs.

Pendant toute la longue période qui s'étend depuis les commencements de notre histoire jusqu'au XVe, au XVIe siècle, on ne suit que fort difficilement l'histoire du liège et de ses applications. Dans le sud-ouest de la France, en Gascogne, on s'aperçut assez tard des avantages que l'on pouvait tirer de la culture du chêne-liège, et l'on peut dire que ce n'est réellement que de 1750 que datent l'industrie du liège et les premières applications de ce produit.

Le commerce du liège commença à prendre de l'extension lorsqu'on eut imaginé d'en faire des fermetures pour les bouteilles et les flacons en verre, dont la fabrication s'était étendue.

L'emploi des bouchons est absolument moderne; en effet, pour se servir de bouchons il faut avoir des bouteilles à boucher et les anciens n'ont pas connu ce vase utile si bien chanté par nos poètes. Les bouteilles n'ont été connues en Europe que vers le quinzième siècle; le mot *boutiane* ou boutille n'a pas été employé en France avant le seizième siècle.

Les bouteilles que les voyageurs suspendaient à la selle de leurs chevaux étaient en cuir ou en métal et pouvaient se boucher avec une vis en bois ou en métal, et ce fait est très curieux, car depuis deux ans ce mode de bouchage a revu le jour, et plusieurs marchands de verrerie pour la pharmacie vendent de grandes quantités de flacons de toutes formes, bouchés par une capsule d'étain se vissant sur la bouteille; c'est bien ici le cas de dire que rien n'est nouveau sous le soleil. Il n'en est pas moins vrai que ces capsules à vis font en ce moment le plus grand tort aux bouchons de pharmacie, et que le prix de ces derniers ne tardera pas à s'en ressentir.

Le bouchon de liège n'était pas en usage en 1553, époque à laquelle Charles-Étienne écrivait son *Prædium rusticum;* à cette époque cependant, et d'après le même auteur, les Français se servaient de semelles de liège qu'ils mettaient dans leurs souliers, absolument comme on le fait aujourd'hui.

On a commencé à se servir de bouchons de liège, il y a deux cents ans, chez les apothicaires allemands, qui jusqu'alors bouchaient leurs drogues avec de la cire.

On ne trouve pas trace, dans les peintures d'Herculanum et de Pompeï, de vases à goulots étroits semblables à nos bouteilles. Il est d'autant plus étrange que les anciens n'aient pas fait usage de ces vases si commodes, que l'on a découvert des urnes lacrymatoires dont la forme se rapproche très sensiblement de nos bouteilles.

De tous ces faits, il faut conclure que ni aux temps anciens ni au moyen âge on ne connaissait l'emploi des bouteilles et par conséquent des bouchons. Les recherches que nous avons faites à ce sujet ne nous permettent pas d'affirmer que les bouchons aient été employés en France avant le dix-huitième siècle. C'est donc une industrie moderne dans toute l'acception du mot.

Successivement, toutes les nations européennes adoptèrent cette matière, qui remplissait si heureusement les conditions à requérir d'un bon bouchage, et le liège devint la base d'un échange de plus en plus important. Sa culture s'en ressentit ; on ne laissa plus improductives les magnifiques forêts de chênes ombrageant les flancs des montagnes et des procédés judicieux d'entretien et de récolte furent imaginés et mis en pratique.

Depuis cinquante ans, les applications du liège sont extrêmement nombreuses, et la demande de cette substance s'est accrue dans une incroyable proportion. C'est donc une source actuelle de richesses inépuisables pour les pays où croissent les chênes-liège, et parmi ceux-ci, le Midi de la France et notre belle colonie d'Afrique.

# CHAPITRE VIII

## CE QU'ON FAIT DES VIEUX BOUCHONS

Nous avons suivi le liège depuis le moment où l'arbre qui le produit est semé ou planté, jusqu'à l'instant où, transformé en bouchons, il a été *forcé* dans le goulot d'un récipient de cristal plus ou moins fin — en rapport avec sa propre finesse, — car, si les bouchons de première qualité sont réservés aux grands crus, les gros vins, renfermés dans des « litres » en verre commun, n'ont droit qu'à la dernière qualité de liège. Voyons maintenant quelles transformations ce léger cylindre d'écorce subéreuse subit, avant sa complète destruction.

La majeure partie du temps, et lorsque le serrage du bouchon dans le goulot est énergique, on est obligé de recourir à un instrument pour déboucher la bouteille. Le plus souvent, c'est du barbare *tire-bouchon* antique que l'on se sert, au lieu du *foret* préféré par toutes les personnes qui désirent conserver pour un usage ultérieur les bouchons. Avec le tire-bouchon on déchire les cellules du liège qu'on met hors de service dès son premier emploi, tandis que rien de pareil n'est à craindre avec le foret des marchands de vins. Après sa première mise en service, le bouchon déchiqueté est forcément mis au rebut, de même que l'on jette, au moment de la mise en bouteilles, tous les bouchons défectueux qui n'ont pu être utilisés.

Or, il existe une catégorie spéciale d'individus qui ont pour métier de faire le tri de tout ce qui peut encore servir et qui cependant a été jeté à la rue par son propriétaire. Ces individus, on l'a immédiatement deviné, sont les *chiffonniers* ou *tafouilleux* et les *ravageurs*, qui exercent leur industrie, les uns en terre ferme, les autres sur les rivières et les canaux qui traversent les grandes villes. Je ne parlerai pas des chiffonniers ; chacun les a vus à l'œuvre, fouillant les immondices du bout de leur crochet pointu ; je dirai plutôt quelques mots des ravageurs ou *carapatas*, dont le travail est moins connu.

L'écumage des eaux de la Seine et du canal forme, paraît-il, la base d'un commerce très important et très actif. C'est le cas de répéter qu'en réalité rien ne se perd, pas plus dans l'industrie que dans la nature. Le fleuve est sans cesse sillonné de barques qui enlèvent tous les détritus qui l'encombrent et flottent à sa surface : animaux morts, planches, bois flotté, bouchons, etc.

On a compté qu'il meurt environ seize mille chiens par an à Paris, et qu'un grand nombre de ces animaux vont à la Seine, qui les charrie. Les ravageurs, montés sur de petits bachots, les harponnent au passage et les revendent à l'usine Souffrice, qui exploite ces résidus. Un cadavre de chien de moyenne taille représente toujours une valeur d'au moins 80 centimes, si la peau n'est pas avariée et peut être utilisée. En même temps, les ravageurs récoltent tous les débris qui suivent le cours de l'eau ; ils les classent et les vendent aux industriels, qui les transforment d'une façon ou d'une autre.

Ainsi, toutes les charognes récoltées par les ravageurs, après avoir été dépouillées de leur peau, si celle-ci peut conserver quelque valeur, sont entassées dans une immense chaudière où on les fait bouillir. La graisse qui vient à la surface est enlevée, puis stéarinée et finalement transformée en excellentes bougies ou en savon de premier choix. Quant à la

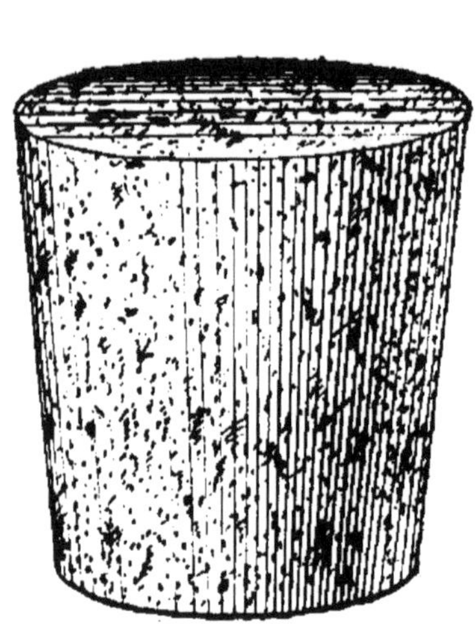

Le bouchon à champagne avant son utilisation.

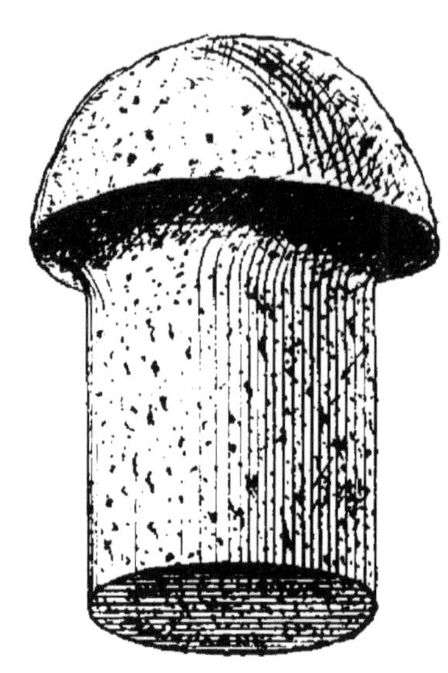

Le même bouchon, après sa mise en œuvre (après le bouchage).

chair putréfiée, après la récolte des *asticots* chers aux pêcheurs à la ligne, elle est changée en engrais et forme un amendement, supérieur même au guano.

On jugera de l'importance que peut avoir cette industrie en apprenant que les employés à la navigation seuls ont repêché, en six mois, dans la Seine sur l'étendue de la traversée de Paris :

Chiens 5,793; veaux 5; chevaux 2; moutons 20; chèvres 9; porcs 7; volailles 80; chats 68; lapins 50;

rats 1,255; poissons (!) 13; serpent boa (repêché devant l'esplanade des Invalides où il s'était noyé après s'être échappé d'une ménagerie), 1.

Deux fois par semaine, l'administration fait enlever ces corps morts. Ils sont expédiés, comme tous ceux qu'on trouve dans les mêmes conditions, chez Souffrice, où on les traite comme nous avons vu plus haut, afin d'en extraire surtout la graisse que l'on transforme en acides gras : stéarique, oléique, margarique, etc. Il peut par suite se trouver que le beurre, — ou du moins le produit auquel on donne aujourd'hui ce nom à Paris, — que vous étalez sur votre pain, provienne d'un rat bien dodu. Il est vrai que la chaudière purifie tout.

Les chiens morts forment la base de l'industrie des ravageurs. Mais les individus qui exercent cette profession n'ont garde de négliger les autres épaves du fleuve : ils recueillent soigneusement tout ce qui passe à leur portée, et les bouchons qui flottent par milliers sur les flots sont loin d'être dédaignés. Comme les chiffonniers, les ravageurs les mettent à part, les trient par ordre de qualité, une fois rentrés dans la masure qui leur sert de magasin, et ils les revendent, soit aux bouchonniers, soit aux marchands de liège en gros.

La première qualité de ces bouchons de rebut est composée de tous ceux qui n'ont reçu qu'une légère égratignure et sont presque intacts ; ils sont revendus tels quels après un lavage au chlorure d'étain. La seconde qualité sont les bouchons troués en partie par le foret ou le tire-bouchon ; elle est revendue aux bouchonniers qui les retaillent à la main ou à la machine et en font des bouchons de petite taille pour les pharmaciens ou les parfumeurs. Enfin la dernière qualité, formée des bouchons en morceaux, troués de part en part ou déchiquetés, est vendue au même prix que les autres déchets de liège, 4 francs les 100 kilog. ou 12 francs le mètre cube, soit pour la fabrication des tapis linoleum, soit pour les agglomérés.

Parmi les bouchons de première qualité, on place particulièrement ceux qui proviennent des bouteilles de champagne et sont à peu près intacts ; ils sont fort recherchés par certains restaurateurs qui les utilisent d'une façon que l'anecdote suivante apprendra au lecteur.

Un jour, à la suite d'un pari perdu par l'un d'entre eux, des employés de la maison Clicquot, si renommée par ses vins de Champagne grande marque, se rendirent dans un grand restaurant du boulevard pour souper convenablement et surtout gaiement. Le service s'était parfaitement exécuté, les mets et les vins étaient excellents, et les convives étaient arrivés à une gaieté expansive, lorsqu'un des employés proposa de demander du champagne.

Par acclamation unanime, la proposition fut acceptée, et, quelques instants plus tard, un garçon revint, apportant avec mille précautions une vénérable fiole au ventre rebondi, au chapeau doré et cerclée de la carte blanche bien connue des dîneurs. Avec les mille délicatesses d'usage, le garçon tranche les fils de fer et enlève le chapeau doré, pendant que les conversations s'éteignent, attendant la détonation ordinaire.

Brusquement, l'acide carbonique se dégage, un bruit sec retentit et le bouchon s'envole au plafond. Les convives tendent leurs coupes qui se couronnent de mousse pétillante et, au milieu du silence général, ils goûtent le nectar provenant des caves de leur patron. Mais la même grimace vient contracter leurs visages. Horreur ! Ce n'est point du Clicquot, mais bien une affreuse piquette blanche à laquelle on a ajouté un peu de sucre candi.

L'amphitryon apostrophe le garçon qui se défend comme un beau diable en affirmant que c'est bien de l'Aï, de la maison Clicquot, et pour preuve il ramasse le bouchon projeté au loin par la détente du gaz, et le met sous les yeux des convives exaspérés. En effet, le bouchon porte imprimé à la machine, et à chaud, sur sa tranche intérieure, la marque de fabrique et les initiales de la maison Clicquot, bien connues des employés !

Outrés, ceux-ci firent part le lendemain de leur mésaventure au patron de la célèbre maison, en soumettant à l'appui de leur dire le bouchon qu'ils avaient conservé comme pièce à conviction. Un procès fut entamé avec le restaurateur et perdu par cet industriel, car il fut prouvé, au cours des débats, que les grands vins de Champagne servis dans les restaurants, quoique renfermés dans des bouteilles portant la carte de Montebello ou de Sillery, n'étaient qu'un mélange de vin blanc plus ou moins bon, et de sucre candi. Les bouteilles provenant réellement des maisons d'Épernay, ainsi que les bouchons portant la marque de fabrique, sont rachetés assez cher par des revendeurs qui les remplissent de faux champagne vendu pour du vrai, grâce à l'enveloppe extérieure.

Le lecteur est maintenant prévenu. Pour éviter que la fraude se reproduise lorsqu'il en a été une fois victime, il n'a qu'à mettre dans sa poche le bouchon renflé portant le nom du fabricant. S'il a le malheur d'oublier cette petite précaution, le restaurateur ou le garçon ne manque pas de ramasser religieusement, derrière ses talons, le bouchon, qui sert ainsi indéfiniment à tromper les consommateurs naïfs.

On se fait à peine une idée de ce qu'il existe de fraudes, de falsifications de toutes sortes en matière de vins de Champagne. En dehors des grandes maisons d'Épernay où l'on fabrique les véritables vins dignes du nom de Champagne, on trouve, dans tous les pays où l'on récolte, encore maintenant, du raisin donnant du vin blanc mousseux, des commerçants fabriquant des vins de Champagne artificiels, souvent fort bien imités. En général, on prend du Saumur ou du Picardan que l'on se contente d'additionner de sucre pour les remonter en acide carbonique et en mucilage sucré, et quelquefois d'un peu d'alcool, quand le vin est faible.

Le vin ainsi fabriqué, lorsqu'il s'agit de le faire ingurgiter au consommateur, on a recours à des *trucs* plus ou moins malhonnêtes. C'est alors qu'intervient le commerce interlope des bouteilles et des bouchons de provenance authentique, et auxquels le plus souvent le consommateur accorde son entière confiance. Mais ce moyen est en somme assez limité et insuffisant pour faire face aux demandes du commerce. Alors certains industriels recourent à des procédés plus hardis, dont voici un exemple.

Il y a quelques années, vivait à Nancy une pauvre vieille femme dont le mari avait péri dans un accident survenu en 1872 dans les mines de sel de Dieuze où il travaillait. Cette femme s'appelait la veuve Clicquot, ni plus ni moins que la célèbre *fabricante* de champagne dont les employés avaient été trompés de la façon que nous avons racontée. Un jour, des négociants peu scrupuleux, frappés de l'analogie du nom, vinrent lui proposer de monter une fabrique de vins de Champagne sous son nom. La vieille accepta; n'était-ce pas l'aisance et le bonheur de ses vieux jours qu'on lui proposait?... Alors une maison de grande importance fut montée et organisée sous le nom de veuve Clicquot, et elle rivalisa bientôt pour la vente avec la célèbre maison qui ne tarda pas à prendre de l'ombrage de cette concurrence.

La véritable maison Clicquot entama donc un procès en contrefaçon à la nouvelle venue, et le tribunal décida que la deuxième arrivée sur la place devrait à l'avenir mettre, devant le nom de *Veuve Clicquot*, un prénom, afin de la différencier de la première. Mais quand ce dénouement se produisit, la vieille était morte, après avoir été toutefois fort heureuse dans ses derniers jours.

Les fraudes commises avec le vin de Champagne doivent d'ailleurs avoir été très nombreuses, car ce n'est pas de ce siècle-ci que ce breuvage délicieux a acquis son universelle célébrité.

Les chroniqueurs font remonter la renommée de ce vin à la fin du onzième siècle. Ainsi, c'est sous le règne du pape Urbain II, élu en 1088 et mort en 1099, que le vin de Champagne aurait acquis une grande renommée. Toutefois, le vin d'Aï, que le pape Urbain préférait à tous les vins du monde, était un vin rouge.

Saint Rémy légua par testament dix champs plantés de vignes à son neveu, à des prêtres et à des diacres de l'église de Reims.

Pendant longtemps, les vins du marquis de Puisieux, seigneur de Sillery et de Verzenay, étaient les plus estimés à la cour de France; on ne les buvait qu'à la table des rois.

Chose que l'on ignore, à coup sûr : le champagne n'a pas toujours été un vin mousseux. Ce n'est guère qu'en 1714 que ce vin, « sortant impétueusement du flacon », fit fureur. Quelques années après, on fit courir le bruit que l'effervescence de ce vin était due à la présence de drogues, à la verdeur du liquide lui-même et à l'influence de la lune. Mais le goût des amateurs pour le vin mousseux n'en augmenta pas moins.

C'est un bénédictin, dom Périchon, qui découvrit le secret de rendre le champagne mousseux. Il était originaire de Sainte-Menehould et remplissait les fonctions d'économe et de sommelier dans son monastère d'Hautvillers.

Le champagne devient mousseux lorsqu'il est mis en flacon depuis la récolte jusqu'au mois de mai, et si l'on veut avoir du vin qui ne mousse pas, il faut le mettre en flacon un an après la récolte. Tel est le secret du bénédictin.

Au siècle dernier, l'engouement pour le champagne mousseux était tel, qu'on le vendait à Reims même 3 livres 6 sols la bouteille ! C'était en 1737.

Voltaire, qui aimait beaucoup le saute-bouchon, s'exprime ainsi dans sa satire du *Mondain*, qui parut en 1736 :

......... Ils me versent de leur main
Du vin d'Aï dont la mousse pressée,
De la bouteille avec force élancée,
Comme un éclair fait voler son bouchon.
Il part, on rit ; il frappe le plafond ;
De ce vin frais, l'écume pétillante
De nos Français est l'image brillante !

Le maréchal de Montesquiou, comte d'Artagnan, maréchal de France, écrivait en 1725 : « Jamais homme n'a fait tant parler de lui que dom Périchon le bénédictin. »

Enfin, en 1735, le commandeur Descartes, un Brillat-Savarin renommé de l'époque, écrivait à Bertin du Rocheret, auteur d'œuvres diverses, président et grand voyer de l'élection d'Epernay : — *Je voudrais*

De ce vin blanc délicieux
Qui mousse et brille dans le verre
Et qu'on ne sert jamais qu'à la table des dieux,
Ou des grands, pour en parler mieux,
Qui sont les seuls dieux sur la terre.

Mais je m'aperçois que nous nous sommes éloignés de la question de l'utilisation des vieux bouchons. Je m'empresse d'y revenir.

Dans la deuxième qualité des bouchons arrachés au cours du fleuve ou aux boîtes réglementaires, on met à part les bouchons qui ont été simplement traversés par l'outil qui sert à les retirer des goulots des bouteilles, et n'ont été déchiquetés que sur leurs bords. Ces bouchons ont une application spéciale, d'assez grande importance, et dont il n'a pas encore été question jusqu'ici : ils doivent constituer les flotteurs qui indiquent aux amateurs de goujons ce qui se passe au bout du fil qu'ils tendent au fond de l'eau.

Ces bouchons ont ordinairement une forme tronconique terminée par une demi-sphère. On les fabrique sur la machine à tourner en deux opérations successives, puis on les polit et on perce un trou bien droit suivant leur axe. Dans ce trou on enfonce à frottement une plume de volatile quelconque, dont

Intérieur de caves à champagne taillées dans la craie.

on a enlevé les barbes, et, une fois enduit d'une couche de couleur protectrice, le bouchon est prêt à être employé.

Ah! combien d'heures délicieuses ce morceau de liège si modeste procure à l'amateur en lutte silencieuse avec le barbillon ou le gardon! Combien d'émotions ce simple flotteur dansant sur les vagues donne aussi à son possesseur!

Plus féroce que le Peau-Rouge à la piste de son ennemi que le tigre à l'affût de sa proie, le pêcheur devine, aux moindres mouvements du bouchon orsujetti à la moitié de la longueur de son fil amascé, les frétillements, les hésitations du poisson qui voit l'appât tentateur et n'ose y mordre, par crainte du piège caché sous le ver qui se tord. Le pêcheur placide, son morceau de bois à la main, doit certainement ressentir de vives émotions, à la vue des mouvements de son bouchon, pour avoir le courage et la constance de demeurer pendant des heures et même des journées entières, sous le soleil ou la pluie, immobile, anxieux, tordu comme un point d'interrogation vivant, et sans autre espérance que de revenir avec deux ablettes, mortes d'insolation, dans son filet.....

Le bouchon du pêcheur est ordinairement la dernière étape, la dernière transformation du liège. Si nous prenions cette substance au moment où on vient de l'arracher de l'arbre où elle s'est développée, nous pourrions embrasser d'un coup d'œil toutes ses transformations : d'abord en planches épaisses, puis en carrés, puis en bouchons, ensuite en poudre, ayant des applications différentes, jusqu'au moment où cette poudre elle-même, désagrégée, se perd en s'effritant.

Dans l'industrie du liège plus que dans toute autre.

rien ne se trouve perdu, tout est recueilli et utilisé; ce produit végétal tourne dans un cercle d'applications déjà étendu, mais qui se développera encore, on en peut être certain, au fur et à mesure même que le prix de cette écorce baissera, par suite de procédés de culture de plus en plus perfectionnés, et de l'extension donnée à cette branche intéressante de la sylviculture.

# CHAPITRE IX

## LE LIÈGE EN PLAQUES

Le liège en plaques, quoique présentant beaucoup moins d'intérêt et d'importance que celui qui est utilisé dans la fabrication des bouchons, ne doit cependant pas pour cela être passé sous silence, car il donne lieu à certaines applications qu'il est bon de connaître.

Nous avons dit précédemment que les plus belles planches de liège, les plus épaisses, le liège, en canons étaient surtout choisis pour la fabrication des bouchons de qualité supérieure. Quand le classement est terminé, on met de côté toutes les plaques d'assez belles dimensions, mais d'une épaisseur inférieure à 20 millimètres, et on les emploie pour différents usages qui vont être passés successivement en revue.

Il est à remarquer que chacune des applications du liège a sa raison d'être dans une ou plusieurs des propriétés physiques ou chimiques de ce corps, et nous aurions parfaitement pu, dans le présent travail, suivre une classification toute différente de celle que nous avons adoptée. Au lieu de passer méthodiquement d'une application du tissu subéreux à une autre comme nous l'avons fait, nous aurions pu suivre des divisions tout autres et étudier successivement le liège travaillé pour utiliser spécialement telle ou telle des qualités qui lui sont propres.

Ainsi, par exemple, la fabrication des bouchons met à profit d'abord l'imperméabilité de ce corps aux liquides et aux gaz sans pression, puis ensuite son élasticité et son imputrescibilité. La légèreté du liège, qui est la qualité la plus frappante à première vue de cette substance, ne joue aucun rôle dans ce choix. Au contraire, dans les flotteurs, dans les appareils de sauvetage, on n'utilise absolument que cette propriété. Enfin, dans le liège en plaques que nous allons étudier, on ne considère que la résistance qu'il oppose au rayonnement calorifique ou sonore, c'est-à-dire que c'est sa mauvaise conductibilité de la chaleur et du son dont on tire seulement parti.

Ainsi, dans ce cas spécial, lorsqu'on veut assourdir les bruits extérieurs et amortir les vibrations incommodes de quoi que ce soit, on fait appel aux plaques de liège.

Ce liège est employé avec succès pour garnir intérieurement les logettes de téléphones, empêchant ainsi tout bruit du dehors d'arriver à la personne qui correspond au moyen de l'appareil; il peut être placé, chez les médecins, sur les portes des cabinets de consultation; on en fait des planchers entiers, fort appréciés dans les maisons de santé et les chambres de malades; enfin, dans la fabrication de certains instruments de musique à cordes, nous le voyons adopté pour empêcher la déperdition du son.

Dans ces cas particuliers, le liège joue le même rôle que la ouate; il assourdit, il étouffe les bruits venant de l'extérieur, et c'est à ce titre qu'on commence à

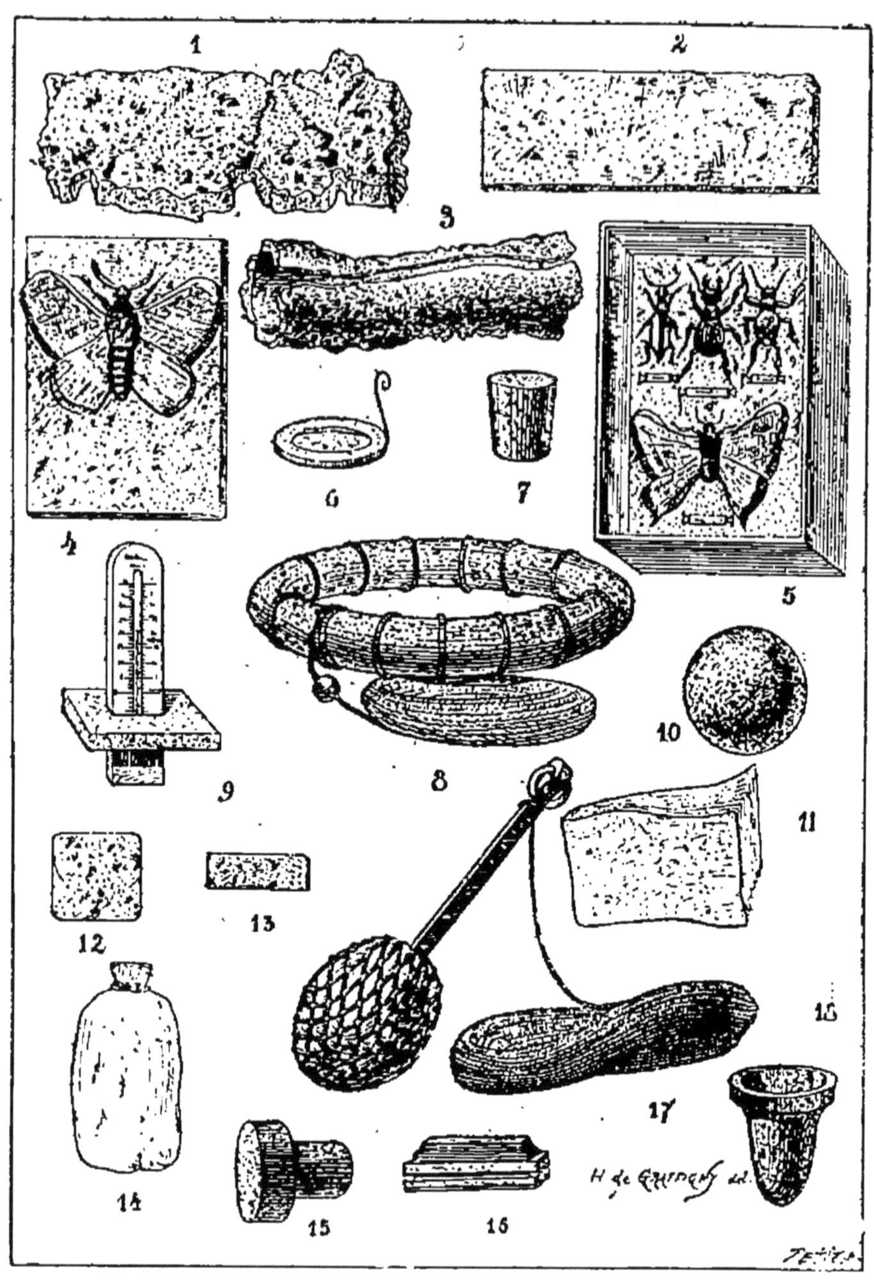


Applications du liège en plaques. — 1, plaque de liège brut ; 2, la même raclée et nettoyée ; 3, liège en canon ; 4, plaque de naturaliste ; 5, boîte pour collections entomologiques ; 6, flotteur de veilleuse ; 7, bouchon de fiole pharmaceutique ; 8, bouée de sauvetage ; 9, plaque pour thermomètre de bains ; 10, boule de jeu de quilles ; 11, livre formé d'un seul morceau de liège ; 12, cale pour pianos ; 13, support pour meuble ; 14, pare-battage ; 15, bouchon de flacon de sels ; 16, guide pour scie à ruban ; 17, bâton flottant ; 18, tétine de biberon.

l'employer dans les maisons de santé, pour la garniture des cabanons de fous furieux.

Une expérience bien simple et bien facile permet de se rendre compte de cette curieuse particularité du liège. Dans une boîte taillée dans un morceau de ce tissu végétal, on enferme une montre dont le tic-tac s'entend facilement à un mètre de distance. Lorsque le couvercle de la boîte est poussé, tout bruit cesse, les vibrations de l'échappement ne traversent pas le liège, et quoique la boîte joue en quelque sorte le rôle de *caisse sonore*, l'oreille appliquée contre elle ne permet de percevoir qu'avec une certaine difficulté le bruit des rouages.

Couverture calorifuge d'un tuyau de vapeur, formée avec des plaques de liège.

Lors donc qu'un malade se trouve gêné par le bruit des voitures qui font trembler les vitres, frémir les boiseries et vibrer désagréablement les planchers, il se trouvera soulagé si on place sous chacun des pieds du lit où il est étendu, un carré de liège, un simple morceau d'épaisseur suffisante et qui empêchera toutes les vibrations de parvenir jusqu'à lui.

De même un moteur à gaz ou à vapeur placé sur de semblables isolants atténue beaucoup le bruit de ses mouvements, et la violence de ses trépidations, si ennuyeuses pour les voisins, quand ce moteur fonctionne dans une maison habitée par plusieurs locataires, et qui sont une cause d'ébranlements sonores qui parcourent toute l'habitation. On se trouvera également bien d'user de la même précaution quand on possède un piano dans un appartement. Le musicien ne perdra aucunement de son plaisir, tandis que les voisins se trouveront soulagés. Les plaques de liège insérées sous les pieds de l'instrument rendront les parquets absolument insonores et atténueront le bruit désagréable produit par le choc des petits marteaux de bois contre les fils de fer tendus.

Une autre application du liège en plaques est celle qui en a été faite au revêtement des tuyaux de vapeur et des surfaces quelconques, chaudes ou glacées, à protéger du *rayonnement*, cause importante de perte de calorique. Depuis bien des années, les inventeurs cherchaient une substance capable de répondre aux multiples conditions du problème : légèreté de l'enduit calorifuge, pose et enlèvement faciles permettant la visite des pièces, incombustibilité et bon marché. On avait imaginé des pâtes et des mastics fort insuffisants, comme on le verra au chapitre traitant des déchets de liège employés comme calorifuges, quand on pensa au *liège* du commerce, que l'on trouve en grandes planches chez les bouchonniers.

Le liège donna des résultats satisfaisants, car il remplissait les principales conditions du problème, et, malgré son prix assez élevé, il rendit, comme isolant, de grands services à l'industrie. Ses détracteurs lui reprochaient surtout d'être combustible, mais à tort; on peut faire remarquer comme preuve que, dans les pays de production, les déchets de liège demeurent souvent abandonnés, ne pouvant être employés comme moyen de chauffage.

Mais le liège naturel, et c'est là l'inconvénient qui le fit abandonner dans cette utilisation, était comme tous les produits bruts de la nature : il n'offrait pas une homogénéité suffisante ; il présentait des crevasses profondes et des trous le traversant de part en part et formant cheminée, ce qui mettait quand même les surfaces à protéger en contact avec l'air extérieur, plus ou moins froid. De plus, ce liège en planches ne pouvait se rencontrer dans le commerce qu'avec des dimensions variables et forcément restreintes, qui en rendaient l'emploi difficile comme calorifuge. Cependant il constituait un progrès sur les substances précédemment utilisées, et, comme on le verra plus loin, on se servit des plaques de liège pour le revêtement des appareils à vapeur, glacières, compteurs à gaz, etc., jusqu'à l'invention des agglomérés.

Telles sont les principales applications du liège en plaques au point de vue spécial de la faible conductibilité de la chaleur et du son que ce corps présente.

Les feuilles de liège les plus minces (4 à 5 millimètres d'épaisseur) sont recherchées par les naturalistes, les entomologistes, qui fixent à leur surface les insectes et les papillons qu'ils ont pu conquérir. Ces planches présentent, sur les feuilles de carton, de notables avantages : elles sont plus légères, incorruptibles et insensibles à l'humidité qui désagrège le meilleur carton. C'est pour les mêmes raisons qu'on en fait des descentes de bains imputrescibles, et qu'on les utilise dans de très nombreux cas de la vie usuelle.

Ainsi le chirurgien se sert de planchettes de liège

pour les appareils de prothèse chirurgicale; le polisseur d'or a des bandes de liège étroites sur lesquelles il frotte les pièces avec du rouge d'Angleterre (colcothar); le polisseur de cristaux garnit de liège la cir-

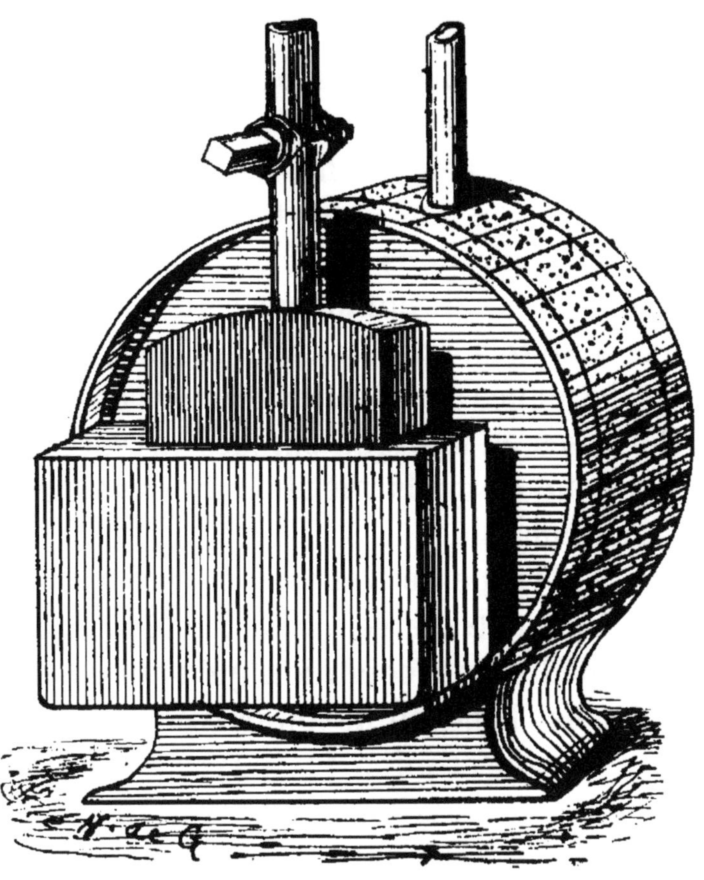

Compteur à gaz recouvert d'une garniture calorifuge en liège.

conférence des roues dont le frottement plane et polit le verre; l'industriel entoure les poulies de transmission de ses machines de bandes de liège collées sur elles et qui assurent l'adhérence des courroies ; dans les scieries à vapeur, on remplace par des bandes semblables les caoutchoucs anciennement employés pour le revêtement des *poulies porte-lames* des scies à ruban. Enfin, il n'est pas jusqu'à l'enfant, jusqu'à l'écolier, qui ne possède une plaquette de liège pour piquer les épingles qui doivent maintenir les différentes pièces dont il veut composer de ces constructions en papier que nous connaissons tous. Et combien d'autres que nous oublions, car chaque jour on découvre de nouvelles applications de cette substance si utile! Certes, nous n'avons pas la prétention de ne rien avoir oublié dans cette encyclopédie du liège, et il y a bien des faits que nous ignorons, si complet que nous désirions que pût être ce livre, le premier qui soit publié sur cette matière!

Signalons toutefois, en passant, quelques idées véritablement baroques d'utilisation du liège en plaques, qui ont été mises en pratique par des inventeurs qui n'ont récolté que ce qu'ils méritaient, et parmi eux, l'homme insubmersible.

Ce fut en 1784 que le *Journal de Paris* annonça qu'un sieur Donon traverserait la Seine en aval du Pont-Neuf, à pied sec, à condition qu'il fût assuré de trouver 200 louis à l'endroit de son arrivée, sa traversée accomplie. Une souscription fut ouverte et couverte pour voir l'homme traverser le fleuve. Jusqu'au roi Louis XVI qui souscrivit. Au jour fixé, une foule énorme se rendit au Pont-Neuf pour assister à l'expérience. Mais c'était une mystification de grande envergure, l'homme ne parut pas, malgré l'argent déposé sur la rive, et le public, furieux de sa déconvenue, jura qu'on ne l'y prendrait plus. Ce qui n'empêcha pas, quelques années plus tard, dix mille Parisiens d'aller voir un abbé qui, muni de *sabots élastiques*, traversa la Seine en n'ayant de l'eau... que jusqu'au ventre.

La gloire de ces premiers expérimentateurs avait sans doute tenté l'innovateur qui, vers 1860, voulut recommencer les tentatives de ses devanciers. Cet *inventeur* avait eu l'idée très ingénieuse de garnir ses chaussures de vastes plaques de liège, taillées en triangle, dont l'angle le plus aigu devait se trouver en face de la pointe du pied. Il eut assez de public à son expérience, paraît-il. Il chaussa ses semelles de liège et se dressa debout sur l'eau sans presque enfoncer, imitant Jésus-Christ marchant sur les flots à Génézareth. Ravi de son triomphe, enflammé par les enthousiastes applaudissements retentissant à ses oreilles, l'inventeur enfiévré voulut mettre le comble à sa gloire et il tenta de faire quelques pas. Mais, hélas! au bout de deux ou trois efforts, le liège tendant toujours à flotter à la surface, le malheureux bascula, aux rires inextinguibles de la foule qui, à l'instant, l'applaudissait. Ses semelles étaient bien toujours à la surface de l'eau, mais lui, il était en dessous! Il traversait la Seine la tête en bas!...

Dans le chapitre relatif aux bouchons, nous avons vu que les chênes, et particulièrement les chênes-liège très nombreux dans le midi de la France, étaient l'objet d'une espèce de culte, ou plutôt, et à proprement parler, d'une vénération particulière. Nous rapporterons ici quelques légendes relatives à ces arbres, que nous avons retrouvées dans de vieux auteurs du moyen âge, et qui ne sont pas oubliées de nos jours dans les pays où elles ont pris naissance.

Saint Boniface, dans le Devonshire où il était né, avait fait une rude guerre aux superstitions régnant à cette époque. Lorsque son apostolat l'amena dans les Gaules, il demeura le défenseur ardent de la

Saint Boniface, monté sur l'autel de Thor, annonça qu'il allait abattre l'arbre consacré.

vérité, et usa ses forces dans une lutte constante contre les préjugés et les croyances de l'époque. On raconte donc qu'étant parvenu dans le pays Hessois, le saint apprenant que le chêne était consacré à Thor, dieu de la guerre, résolut de frapper un grand coup sur l'esprit des populations en détruisant le prestige dont cet arbre était entouré.

Il se rendit donc un jour en grande pompe dans la forêt où se trouvait le chêne consacré et, en présence d'un populaire nombreux accouru, il se mit en devoir d'abattre l'arbre séculaire. Aux premiers coups de hache, la foule se mit à murmurer, sans pourtant oser intervenir. L'arbre, vigoureusement attaqué par le saint bûcheron, n'était pas coupé à moitié qu'un vent surnaturel ébranla les hautes branches, et le chêne, foudroyé, s'abattit avec fracas, brisé en quatre parties égales et son écorce en lanières.

Devant ce fait prodigieux, les païens tombèrent le visage dans la poussière et, touchés par la grâce, ils se convertirent. Or, cet arbre était tout simplement un chêne-liège qui s'était démasclé sous les coups que lui avait portés saint Boniface.

Voici une autre légende qui concerne le gui, la plante sacrée des anciens druides et qu'on ne rencontre plus guère que sur les chênes verts du Nord de la France. On nous pardonnera de la citer ici, le gui étant un parasite de toutes les espèces de chênes, et croissant sur l'arbre qui donne le liège aussi bien que sur tous les arbres de la même famille.

Balder était un des dieux de la mythologie du Nord, aimé de la déesse Freyja, la Vénus septentrionale. Or, cette déesse fit jurer à toutes les choses créées qu'elles ne feraient pas de mal au héros. Elle n'oublia de faire prêter serment qu'à une plante rampante, si faible et si petite qu'elle passa inaperçue. Cette plante était le gui. Loke, le génie destructeur, s'étant aperçu de l'oubli de la déesse Freyja, s'empara de ce gui et le mit dans la main de l'aveugle Hodr au moment où les dieux scandinaves s'amusaient à lancer à Balder les divers objets qui avaient prêté serment de ne pas lui nuire.

Lorsque le tour de l'aveugle fut venu, il jeta, comme les autres dieux, l'objet qu'il tenait à Balder, et aussitôt le héros tomba mort, percé par la faible branche.

## CHAPITRE X

### LES OBJETS DE MODE ET DE TOILETTE EN LIÈGE

Depuis que l'écorce du chêne-liège a pénétré dans l'industrie, et que ses qualités ont pu être appréciées par des esprits judicieux, l'esprit des inventeurs s'est ingénié à tirer tout le parti possible de ses propriétés physiques.

Le liège étant un corps mauvais conducteur de la chaleur, ainsi que nous l'avons vu dans le précédent chapitre, on a eu l'idée de l'utiliser pour en faire des vêtements présentant le double avantage d'être de précieux conservateurs du calorique du corps, et d'être légers et imperméables, tout en laissant libre passage aux gaz de la transpiration et de la respiration externe, qualité précieuse que les vêtements en caoutchouc ne possèdent aucunement.

Cette nouvelle application du liège ayant réussi comme les autres, son succès a donné naissance à une industrie absolument nouvelle et qui consiste à travailler les écorces arrivant des lieux de production pour les transformer en objets de toilette ou de modes. Le costume masculin actuel, aussi bien que l'habillement féminin, est garni, sans que nous nous en doutions la plupart du temps, de pièces de liège plus ou moins visibles et qui toutes ont leur utilité.

Nous avons vu, d'après Pline l'Ancien, que les dames grecques se préservaient les pieds du froid au moyen de semelles de liège. Cet usage est loin de s'être perdu aujourd'hui, et tous les bazars offrent au public des semelles en feutre ou en liège (le liège est préférable) pour garnir l'intérieur des chaussures et éviter les déperditions de chaleur.

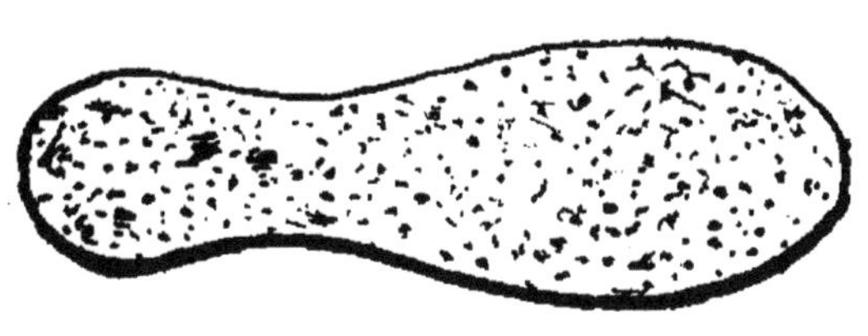

Semelle en liège.

Inutile d'ajouter que ces semelles n'ont d'utilité que l'hiver en protégeant les pieds contre le froid du sol; l'été et pendant la saison tiède, elles n'auraient d'autre résultat que d'exagérer la chaleur, en empêchant le calorique du corps de s'échapper.

Non seulement dames et hommes portent des semelles de liège, mais beaucoup d'élégantes font usage de *talonnettes* Louis XV destinées à augmenter la hauteur de la taille sans exagérer le talon de la chaussure; les danseuses garnissent ainsi l'intérieur de leurs chaussons qui, comme on le sait, ont des semelles entièrement plates. Une mince feuille de liège interposée entre les deux semelles du soulier serait, croyons-nous, fort utile par les mauvais temps, aux troupes en campagne.

En somme, si les semelles de liège sont recommandées par l'hygiène, les talonnettes n'ont rien à voir avec cette utile science, elles sont uniquement du ressort de la mode et de la fantaisie.

En continuant l'analyse de la toilette des dames, nous retrouvons le liège sous plusieurs formes différentes, notamment sous celles de *moules* pour la passementerie. Ces moules, qui présentent mille formes différentes : olives, glands, cylindres, sphères, cônes, etc., sont recouverts d'une étoffe de soie ou de coton et ornent les manteaux et les confections diverses. Seule, la légèreté du liège permet d'expliquer les dimensions énormes de ces boules, olives, etc., dont quelques-unes sont plus grosses qu'un œuf de poule. Ce sont, en général, les bouchonniers qui fabriquent, pour les passementiers, ces divers objets, dont la régularité de formes doit être la première condition et qui, par suite, doivent être faits sur la machine.

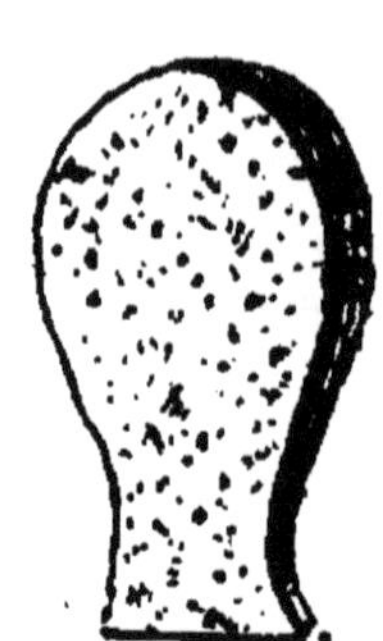
Talonnette.

Les recherches de notre confrère Good nous permettent de commettre une indiscrétion au sujet de la toilette des dames, si fières de posséder sur leurs chapeaux de magnifiques oiseaux au plumage diapré, et qu'elles se figurent être naturels. Hélas! la vérité nous oblige à dire que le tissu subéreux constitue la carcasse de ces étincelants joyaux qui semblent prêts à s'envoler dans l'espace, et sont en réalité des morceaux de liège tournés sur la machine, sous une forme quelconque, et auxquels on adapte, en les enduisant de colle-forte, un bec, des pattes, des yeux et un plumage plus ou moins conformes aux données de l'histoire naturelle et de l'ornithologie. Ce travail de reconstitution occupe même beaucoup d'ouvriers à Paris.

Confidence pour confidence, il faut ajouter que le liège joue aussi un rôle dans la coiffure des hommes. Non seulement, en effet, sous forme de casques entiers il a sauvé plus d'un de nos vaillants soldats, combattant dans les pays chauds, de mortelles insolations, mais encore il trouve sa place dans nos chapeaux de ville à haute forme, appelés *tuyaux de poêle* sans doute à cause de la chaleur qui règne sous leur enveloppe cirée. En effet, nous trouvons dans ces coiffures des feuilles de liège très minces, sous forme de couronne dentelée, remplaçant avec avantage les cuirs dits *aérifères*, et permettant la circulation de l'air entre le chapeau et le front du patient qui le porte.

Grâce à l'invention d'une ingénieuse machine permettant de débiter le liège en tranches et en feuilles aussi minces qu'on le désire, la fabrication de ces *couronnes*, dont l'épaisseur ne dépasse pas un quart de millimètre, a pu être opérée sans peine. En même temps, on a pu appliquer ces feuilles minces à d'autres usages.

On a eu l'idée d'interposer entre deux épaisseurs d'étoffe de laine, de soie ou de coton, ou mieux entre l'étoffe et la doublure d'un vêtement, de semblables feuilles de liège minces, que l'on colle et qui rendent un costume absolument sain, empêchant les pertes de chaleur bien mieux que toutes les flanelles du monde, et ne se laissant pas traverser par l'eau, tout en donnant un libre passage à l'air et aux gaz de la respiration cutanée.

Cette utilisation du liège sous forme de feuilles minces nous a suggéré une idée que nous soumettons aux pauvres diables qui, pendant les longues et froides nuits d'hiver, grelottent sous leurs couvertures minces et usées.

Il suffit de placer entre les deux couvertures, ou entre le drap et la couverture, une feuille de liège, dont le prix est très minime, et le lit deviendra chaud et sain ; le corps ne perdra plus sa chaleur à travers le tissu insuffisant, au contraire il la conservera intégralement, car le calorique ne passe pas à travers le liège. Certaines personnes ne pouvant avoir recours au liège interposent simplement des feuilles de papier, de journaux ou autres, mais le liège, presque aussi économique, donne des résultats bien supérieurs et bien plus appréciables. — Nous parlons ici par ouï-dire.

Parmi les objets divers servant à la toilette et que l'on fabrique en liège, on peut encore citer les boutons à base de liège, les brosses, les revêtements intérieurs des boîtes à savon, etc. La fabrication de ces divers ustensiles, comme celle des moules pour les passementiers, est une industrie toute parisienne et dont le centre est dans le Marais.

On ne fait pas seulement que des vêtements imperméables, en étoffe doublée de liège : avec le liège seul on fabrique, paraît-il, aussi des effets tout entiers, rien qu'avec cette dernière substance. Il y a quelques années un magasin de la capitale vendait des cravates en liège, et nous avons vu récemment exposés dans la vitrine d'un marchand de confections des costumes d'enfants dont le col marin était une feuille de liège ornée de dessins coloriés. Il est à espérer qu'avant bien longtemps nous aurons des costumes tout en liège, robes ou manteaux, — et un peu plus solides que de la toile d'araignée. Mais, dans tous les cas, nous ne nous y fierons pas, car depuis que nous connaissons la mésaventure du mendiant dont nous avons raconté l'histoire, notre foi dans les qualités hygiéniques du liège s'en est allée, comme dit le poète, où vont les neiges d'antan. L'anecdote des paysans provençaux que nous allons faire connaître est aussi pour beaucoup dans notre crainte.

La forêt de l'Estérel dans le département du Var, près de Draguignan, renfermait de magnifiques échantillons de chênes-liège. Il y a un siècle et demi, lorsque l'industrie bouchonnière commença à prendre l'accroissement qui lui a permis de faire face aux énormes besoins du monde civilisé tout entier, des forestiers commencèrent à récolter le liège et à entretenir les chênes d'une façon régulière, ce dont on se souciait fort peu auparavant.

Bande aérifère en liège pour chapeaux.

Trois paysans d'un village voisin de la forêt, ayant appris les travaux des forestiers qui obtenaient, grâce à des soins constants, de belles écorces, et ne connaissant qu'une seule des applications du chêne-liège, la réduction en tan du liber pour la préparation des peaux, le moment de la récolte arrivé, résolurent d'aller enlever subrepticement les écorces des chênes pour les vendre à un tanneur marseillais.

Par une nuit étoilée, ils se rendirent donc dans la forêt, et à la clarté tremblante de la pâle Sélène ils détachèrent par lambeaux l'écorce des chênes-liège qu'ils avaient eu la précaution de marquer à l'avance. Le lendemain ils coururent à la ville et se débarrassèrent du produit de leur vol, contre de beaux écus sonnants que leur donna le tanneur. On juge de la colère, du désespoir des forestiers devant la mutilation inique, sauvage, des arbres tailladés et dépouillés sans précaution par les paysans ignorants et brutaux. Le fait ne pouvait rester sans punition, et les liégeurs résolurent de rechercher et de livrer à la justice les malfaiteurs qui leur avaient enlevé le fruit de leurs travaux.

La Providence se chargea de désigner les coupables aux vengeurs, en commençant par les punir elle-même. Le premier des paysans, celui qui avait eu l'idée du vol, devint galeux, le second, qui avait mutilé, massacré les chênes, devint borgne, et le troisième, qui avait trouvé le tanneur et lui avait vendu le liège, se cassa une jambe en tombant en bas d'un arbre. Ces accidents successifs furent un trait de lumière pour les forestiers, qui comprirent qu'ils tenaient leurs ennemis. Les paysans déférés devant les juges avouèrent leur faute, et ils furent pendus haut et court, quoique ayant conservé tous trois, comme talisman préservateur, un fragment de liège provenant des arbres détruits.

C'est ce qui prouve, comme nous le disions en commençant, que l'efficacité du liège comme garantie des accidents et malheurs qui nous peuvent survenir dans la vie, paraît fort douteuse. Les amulettes en liège valent les gris-gris des nègres : elles sont excellentes quand on ne leur demande rien.

# CHAPITRE XI

## APPLICATIONS DIVERSES DU LIÈGE

Passons en revue maintenant les nombreux objets n'appartenant à aucune catégorie définie et qu'on fabrique en liège pour leur donner des qualités spéciales. Beaucoup d'industries différentes sont tributaires du commerce du liège et nous allons retrouver ce produit employé dans mille besoins différents.

C'est d'abord la papeterie, qui fait le plus grand usage du liège sous différentes formes. Par exemple, les porte-plume, dont la hampe énorme et légère permet aux écrivains qui s'en servent d'éviter la fatigue des muscles de la main, fatigue qui peut aller, avec les autres porte-plume à tige mince ou lourde, jusqu'à engendrer la douloureuse et gênante paralysie appelée *crampe des écrivains*.

Un autre objet, qui complète le porte-plume en liège, est l'encrier de même matière et dont l'emploi est ordinairement réservé aux enfants et aux novices dans l'art de la calligraphie. L'encrier de liège est ordinairement formé d'un seul bloc d'écorce quadrangulaire, dans le milieu duquel on a creusé un trou qui va jusqu'à la moitié de sa profondeur et auquel est attaché un bouchon : il présente divers avantages dont le moindre n'est pas, pour l'écolier, la légèreté qui lui permet de le culbuter sur ses cahiers, quand le devoir est difficile ou ennuyeux.

La papeterie utilise encore le liège dans les *estompes*, qui permettent d'étaler, bien mieux qu'avec les tortillons en papier gris roulé en spirales serrées, le crayon Conté servant au dessin. Les buvards en carton sont souvent doublés intérieurement de cette substance que l'on retrouve aussi dans nombre d'autres objets usuels. Enfin, grâce aux appareils perfectionnés inventés pour trancher le liège, on en fait des feuilles aussi minces que du papier et qui servent comme ce dernier pour l'impression. Il y a quelques années la mode a été de faire imprimer ses cartes de visite sur les substances les plus bizarres, et le liège fut mis à profit, comme les plaquettes de bois des îles et la nacre.

Certains industriels, — de ceux qui travaillent l'écorce subéreuse sous une forme ou une autre, et pour qui cela peut présenter de l'intérêt, au point de vue de la réclame principalement, — font imprimer leurs prospectus sur des feuilles de liège d'une minceur vraiment incroyable. Nous avons été à même de voir de semblables travaux, et l'on peut croire que ces feuilles souples, colorées, souvent striées, offrent un aspect véritablement singulier, surtout avec l'encre d'imprimerie qui les traverse.

Dans les grands bazars et chez les marchands de jouets en renom, on trouve des jouets en liège absolument silencieux, par exemple des jeux de quilles, des volants, des jeux de boule et de cricket, dont les marteaux et les boules sont en liège, ce qui permet de s'en servir dans les appartements sans craindre le tapage et sans danger de briser un meuble ou une glace. D'ailleurs, l'industrie des jouets utilise le liège dans plusieurs applications : comme bouchons de petits fusils et de pistolets, et comme têtes de poupées. C'est sur un morceau de liège, taillé en forme de demi-sphère et encastré dans une tête en porcelaine ou en émail, que l'on fixe les perruques de ces pupazzi aimés des petites filles.

Chez les parfumeurs, on trouve, entre autres objets en liège, des étuis pour flacons de toutes tailles. On voit de ces étuis qui ont une forme cylindrique et sont creux ; ce que nous avons même vu de plus joli en ce sens est un semblable étui, avec son couvercle, creusé dans l'intérieur d'un bouchon de forte taille. Ainsi, par suite de l'élasticité de ses parois, cette boîte, en même temps qu'elle servait de fermeture hermétique à une bouteille clissée d'assez belle dimension, contenait un flacon d'encre ou d'odeur dissimulé dans son épaisseur. Le travail, fort bien réussi, n'en doit pas être plus facile pour cela, et il faut avouer qu'il faut posséder une grande habileté de main pour creuser de semblable façon un simple bouchon.

D'autres étuis en liège ressemblent à s'y tromper à une brique. On a percé dans la masse un, deux ou

## LÉGENDE DU TABLEAU DES APPLICATIONS DU LIÈGE EN PLAQUES.

1, 2, oiseaux pour chapeaux de dames. — 3, 4, moules pour passementerie : olives, boules et glands. — 5, étui pour flacons. — 6, estompe. — 7, porte-plume. — 8, encrier en liège. — 9, rouleau à pâtisserie. — 10, canne formée d'un jeune chêne-liège. — 11, montures de loupe pour horloger. — 12, bobine pour l'expédition de la soie. — 13, cylindre. — 14, bouchon-flotteur de ligne à pêcher. — 15, porte-cigare ou cigarette. — 16, étui taillé dans un bouchon.

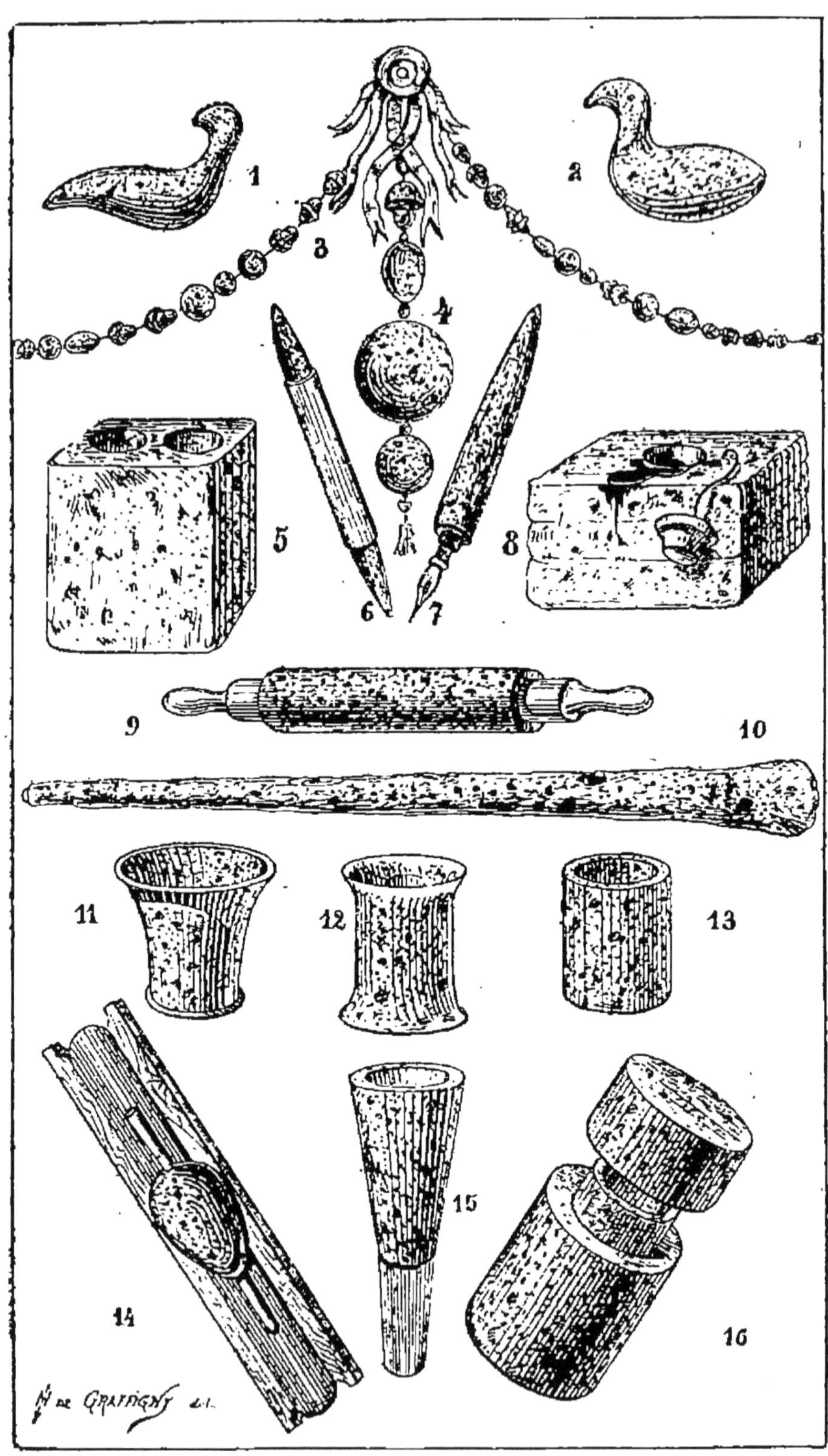


Applications diverses du liège.

trois trous de différents diamètres de profondeur, suivant l'épaisseur du prisme rectangulaire, et l'on peut loger des flacons de diverses grandeurs dans ces canaux intérieurs.

Tout le monde a remarqué les *loupes* dont les horlogers se servent et qu'ils maintiennent fixées à leur œil par une contraction des muscles du sourcil. Le *corps* cylindrique qui contient les verres grossissants composant la loupe est en liège, chose que les ouvriers horlogers, tout les premiers, sont à ignorer. Le but cherché, dans ce cas spécial, est la légèreté, qui est si remarquable dans le liège et permet à l'ouvrier de maintenir la loupe sans fatiguer les muscles de la figure et en conservant les deux mains entièrement libres pour travailler.

Le liège étant très peu combustible, on en fait des pipes et des porte-cigares ou cigarettes. Ces objets sont tournés soit sur des meules d'émeri, soit sur des machines analogues à celles de M. Demuth et que nous avons décrites. Mais ordinairement on les garnit, à l'extrémité qu'il est à craindre de voir se carboniser à la longue, d'une bague en matière inerte : os, ivoire, écume de mer, etc.

Dans un genre d'idées à peu près analogue, on a imaginé des tétines, sorte de cônes que l'on adapte à l'extrémité des biberons et que les enfants mettent dans leur bouche lorsqu'ils veulent aspirer le lait contenu dans la bouteille.

Ces tétines qui coûtent fort bon marché sont beaucoup plus hygiéniques que celles en caoutchouc dont on se sert le plus habituellement. A la moindre crainte de germes, on peut la sacrifier et la remplacer par une neuve, préservant ainsi la santé des enfants que l'on est forcé d'allaiter et de nourrir par ce moyen artificiel, de beaucoup inférieur à l'allaitement naturel et à la nourriture donnée par la mère ou par une suppléante.

Le liège est employé dans plusieurs circonstances de la vie domestique. Pour faire de la pâtisserie d'amandes, on se sert d'un rouleau en bois recouvert de liège, lequel n'a pas l'inconvénient, comme la substance ligneuse, d'absorber l'huile essentielle qui donne la saveur aux amandes. Les bobines pour l'envoi de la soie sont en liège, pour peser moins lourd dans les transports; les étiquettes pour les tonneaux, toujours humides, sont en liège, etc. Cette énumération encore incomplète prouve, croyons-nous, mieux que tous les discours du monde, l'importance prise de jour en jour par cette substance, et l'intérêt qui s'attache aux applications de cet utile produit à tous les besoins de la vie courante.

# CHAPITRE XII

## APPAREILS DE SAUVETAGE EN LIÈGE

La faible densité du liège par rapport à l'eau et son imperméabilité aux liquides font de ce corps un excellent flotteur, capable, non seulement de se maintenir à la surface, mais d'y supporter des objets assez lourds. Cette propriété, la première qui frappe l'esprit lorsqu'on manipule un fragment quelconque de liège, a été connue de tout temps, et la meilleure preuve en est dans ce que Pline l'Ancien nous a rapporté dans ses écrits, où il nous dit qu'on en faisait des flotteurs, des *bouées* pour les ancres de navire.

Nous ne chercherons pas quelles transformations successives ces premiers flotteurs ont subies pour en arriver à l'état et à la forme que nous leur connaissons actuellement ; une semblable étude n'offrirait que peu d'intérêt pour le lecteur. Nous en arriverons de suite aux appareils en usage de nos jours et qui pour la plupart ont été inventés dans le cours du dix-neuvième siècle.

La *bouée* a une histoire assez longue. Tout d'abord ce fut un simple plateau de liège, mais avec le temps sa forme s'est perfectionnée et on lui a donné mille formes différentes, dont la plus ordinaire cependant est celle du cercle. En général, on les divise en *bouées fixes* destinées plutôt au balisage des passes, et en *bouées de sauvetage*, uniquement employées pour le secours des personnes en danger de se noyer.

Pour les premières, qui sont ordinairement fixées au fond de l'eau à l'aide d'une chaîne ou d'un câble appelé *ovin*, on les fabrique ordinairement, lorsque leurs dimensions ne sont pas trop grandes, de deux plaques de liège assemblées par un cylindre en bois goudronné. Ces plaques sont traversées par un mât qui porte, le jour, un petit drapeau de couleur voyante, la nuit un fanal blanc ou de couleur.

Lorsqu'on veut adapter à la bouée un appareil bruyant qui avertisse de loin de sa présence, chose fort utile dans les cas de brouillard particulièrement, on la recouvre d'une sorte de cage légère en treillis de bois, et on suspend une cloche qui tinte sans cesse par le mouvement continu de la bouée dansant sur les lames.

Lorsque le poids de la chaîne qui maintient la bouée est trop considérable, ou lorsqu'on veut avoir une balise de grandes dimensions, le liège est insuffisant, et il faut faire appel à d'autres procédés de construction. On peut alors employer les métaux et édifier une sorte de vaisseau fermé, de caisse, cylindrique ou conique, ou de forme quelconque, enfermant une assez grande quantité d'air pour pouvoir flotter. Dans ce genre, l'esprit des inventeurs s'est laissé libre carrière et a donné lieu à une foule de créations plus ou moins bizarres, suivant le but à poursuivre et à atteindre. On a fait des flotteurs lenticulaires, d'autres ogivo-sphériques, d'autres circulaires, enfin on a donné toutes les formes imaginables

Bouée du *Great-Eastern* soutenant le câble transatlantique brisé.

à ces appareils dont certains ont atteint des tailles colossales. Rappelons seulement ici en passant les bouées du *Great-Eastern* qui ne mesuraient pas moins de 5 mètres de hauteur et étaient capables de soutenir, malgré le vent et la marée, les courants du large et les tempêtes, le câble transatlantique de 1865 perdu au fond de l'Océan, à 4,000 mètres de profondeur!

Une idée originale, et qui tôt ou tard sera mise à exécution, il faut du moins l'espérer, est celle de jalonner l'Atlantique de bouées placées de 100 en 100 kilomètres l'une de l'autre et permettant aux navigateurs de correspondre avec les continents, aussi bien qu'aux naufragés de demander du secours. En effet ces bouées seraient de très grandes dimensions, divisées en deux parties suivant leur hauteur, et l'une des deux renfermerait un appareil télégraphique relié par un conducteur isolé au câble sous-marin, et au moyen duquel on pourrait non seulement envoyer une dépêche d'une bouée à l'autre, mais d'un poste quelconque à la terre ferme. La partie inférieure de la bouée contiendrait un magasin de provisions de bouche et d'eau potable, et un réservoir dans lequel on emmagasinerait du gaz éclairant sous pression, lequel brûlerait nuit et jour dans un fanal situé à la partie supérieure de l'appareil et visible de tous les points de l'horizon.

Ce projet, parfaitement conçu et autour duquel tous les journaux ont fait beaucoup de bruit, rendrait d'immenses services, on le comprend sans peine, à la navigation. Cette ligne de bouées tracerait un chemin à travers l'Océan qui deviendrait aussi sûr que nos boulevards parisiens la nuit, et, en cas de catastrophes comme celles dont l'Atlantique est si souvent le théâtre, les naufragés pourraient se sauver en gagnant ce refuge au milieu de la mer, et demander du secours par le télégraphe, sans craindre de périr de faim et de soif pendant cette attente. Combien de drames seraient ainsi évités ! Pourquoi ne procède-t-on pas immédiatement à ce balisage de l'Océan ? La science reculerait-elle devant les difficultés du travail? Nous avons peine à le croire.

Un autre genre d'utilisation des bouées *en liège* est celui qui a été proposé et même, je crois, essayé, il y a quelques années, dans un port français : le renflouage des navires coulés par le fond. Voici comment on procédait :

Des ouvriers plongeurs revêtus du scaphandre, après s'être assurés de la position du navire et de la gravité de ses avaries, procédaient d'abord au déchargement de toutes les marchandises pour alléger la coque. Tous les colis les plus légers étaient remontés à la surface à force de bras par les ouvriers montés dans une barque; les pièces les plus lourdes étaient garnies de flotteurs en liège que l'on envoyait aux plongeurs par le fond, et en les alourdissant de grosses pierres, dont les scaphandriers les débarrassaient au moment de laisser remonter les objets encombrants.

Une fois le navire vidé complètement et débarrassé de toutes attaches et parties gênantes, on descendait aux plongeurs, toujours par le même procédé, des barils vides hermétiquement bouchés, jusqu'à ce que, par l'excès de légèreté de tous ces tonneaux tendant à flotter à la surface, la coque fût emportée jusqu'au niveau des vagues. Une fois à l'air libre, il ne restait plus qu'à épuiser l'eau qu'elle contenait et à réparer les avaries dans un bassin de radoub.

Un moyen que nous croyons beaucoup supérieur à celui des barils, quoique l'emploi de ceux-ci ait, paraît-il, réussi, et qui, dans tous les cas, est bien plus pratique, est celui qui a été proposé, il y a longtemps déjà, par un esprit judicieux, et qui consistait en l'envoi au fond de l'eau, de ballons en percale solide, garnis d'un filet, et de quelques mètres cubes de capacité. Ces ballons, arrivant vides et flasques, pourraient être solidement fixés sous la quille du navire à renflouer, puis gonflés au moyen de l'air envoyé par une pompe de compression placée à terre, ou mieux encore, au moyen de gaz hydrogène pur ou de gaz de liège. La force ascensionnelle ainsi obtenue serait au moins décuple de celle donnée par les tonneaux.

Mais revenons-en aux bouées et balises parmi lesquelles nous ne citerons plus que la *balise à la Logan* ou *pyramide oscillante*, qui, à cause de la résistance de sa base, ne court jamais le risque d'être submergée et conserve toujours sa position verticale. Inventée au XVIe siècle en Angleterre, on retrouve encore cet appareil en usage dans la plupart des ports de mer. On la peint en couleurs éclatantes pour qu'elle soit aperçue de plus loin et se distingue des flots glauques.

Arrivons-en aux *bouées de sauvetage*, dont les formes sont également très variées.

Tous les bateaux et navires de plaisance ou de commerce, aussi bien les transports fluviatiles que les grands steamers qui fendent de leur proue toutes les mers du globe, sont munis de la bouée traditionnelle en forme d'anneau ou de couronne, garnie de *rabans* volants qui permettent de les saisir facilement, et capables de soutenir facilement un homme sur l'eau.

Les grands bâtiments en sont pourvus dans plusieurs endroits du pont. Ces bouées sont ordinairement suspendues au-dessus de l'eau de telle façon qu'il n'y a qu'à couper la corde qui les retient au premier cri de : « Un homme à la mer ! » et à les lancer au malheureux qui se noie. Certaines de ces bouées sont surmontées d'un mât à l'extrémité supérieure duquel se trouve un godet rempli d'une composition chimique qui s'allume au contact de l'eau et permet au naufragé de se diriger vers l'engin de sauvetage, et au navire de retrouver ses appareils pendant la nuit la plus obscure.

Les bouées se composent ordinairement de plusieurs morceaux de liège collés ensemble à l'aide d'une colle à base de gomme-laque, puis tournés en anneau de coupe circulaire. Elles sont recouvertes de toile à voile enduite et peinte, qui en assure la conservation, et garnies de ligatures en corde auxquelles sont rattachés les rabans.

Dans ces dernières années, un électricien havrais a eu l'idée d'appliquer aux bouées de sauvetage la puissance de l'électricité. Un certain nombre d'*accumulateurs* du système Gadot sont disposés dans une caisse hermétique placée au centre de l'anneau de liège qui est surmonté de trois montants en bois soutenant une lanterne dans laquelle se trouve une lampe à incandescence de huit bougies d'intensité.

Lorsque le cri d'alarme a été proféré et qu'on a tranché la corde qui retient la bouée suspendue aux flancs du bâtiment, le circuit se trouve établi et la lampe électrique projette une vive lueur sur les flots irrités. Lorsque le naufragé atteint alors le flotteur, il peut faire connaître sa présence par le bruit d'une cloche qui est attachée aux montants. C'est fort bien imaginé.

On a fait des bouées rondes comme des boulets

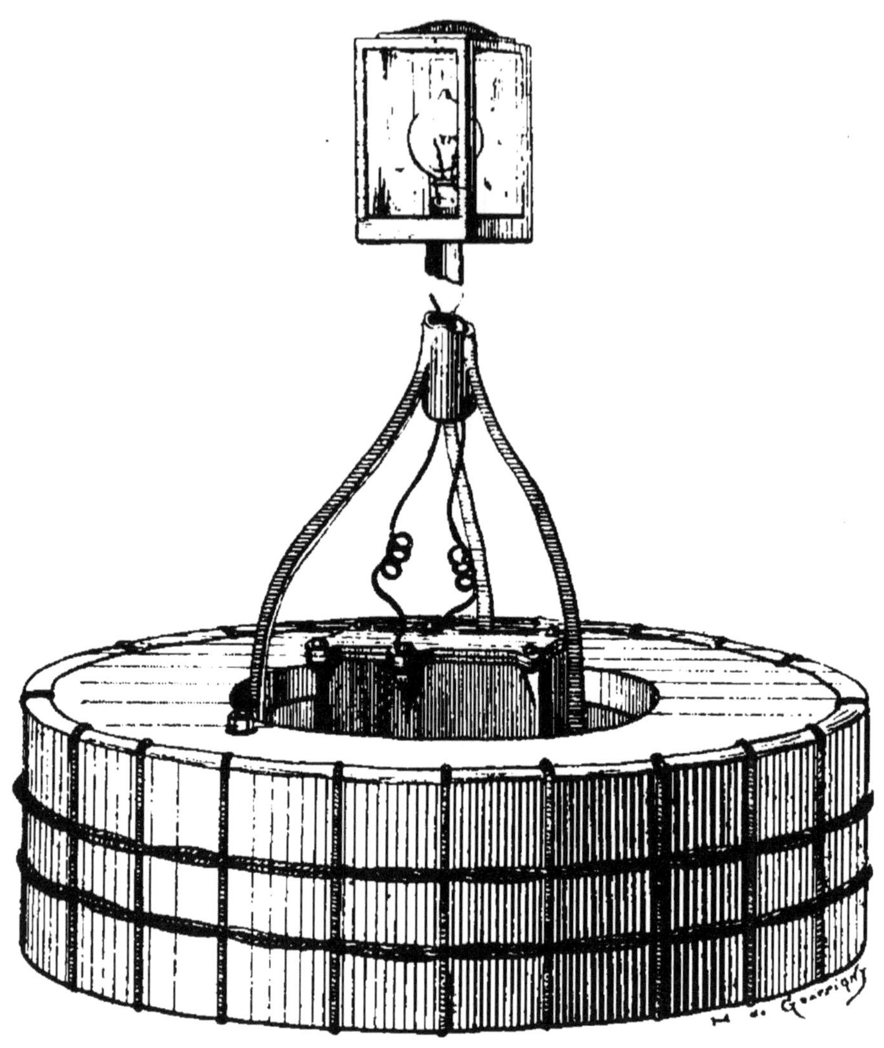

Bouée électrique.

de canon, on en fait de carrées, de cylindriques, de tronconiques; enfin on a été jusqu'à les garnir de plomb pour en faire ce qu'on appelle les *bâtons plombés flottants*.

Ces appareils se composent d'un rotin ou d'un jonc muni de pointes, autour desquelles on a coulé du plomb; le tout entouré de liège en copeaux, recouvert d'une toile et d'un filet protecteur contre l'usure. A l'extrémité du manche est fixé le bout d'une longue corde qui porte, à un mètre environ de son point d'attache, un gabillot, sorte d'olive en bois solide.

Pour le sauvetage des gens en danger, l'une des personnes de la rive, ou l'un des marins montant le navire, saisit le gabillot à pleine main et lance l'appareil, dont la ligne se déroule jusque vers les hommes en péril, qui s'y cramponnent et peuvent être ensuite halés à bord ou tirés à terre.

Voilà pour les bouées de sauvetage. Mais il est bon d'ajouter qu'elles ne constituent pas, quelque diversifiée que leur forme ait été, l'unique moyen proposé pour éviter une mort aussi horrible : la noyade. Tout le monde connaît les appareils de natation en liège, ceintures et corsets, qui aident les débutants à se soutenir dans l'élément liquide et qui se composent la plupart du temps de rectangles épais en liège, placés côte à côte dans une enveloppe en toile caoutchoutée et qu'on se place, soit en guise de ceinture autour des reins ou corset, sur la poitrine et sur le dos. Dans le premier cas on a l'air d'un hydropique, dans le second on ressemble à un cuirassier partant en guerre avec une cuirasse de morceaux de bois.

Tous ces apparaux sont fort disgracieux et leur efficacité bien mince. Il faut bien l'avouer, dans cette application, le liège est dépassé par les appareils en caoutchouc à double enveloppe que l'on gonfle d'air insufflé, au moment du besoin ou du danger. Les natateurs du Coutançais Gosselin notamment sont avec juste raison préférés dans la marine, car ils n'ont

Marin muni d'une ceinture et d'une boule de sauvetage.

aucun des inconvénients des flotteurs en liège, d'aspect rien moins que gracieux, lourds, encombrants et d'une bien moindre efficacité.

Beaucoup de steamers qui traversent les océans possèdent des matelas de liège (copeaux subéreux enveloppés dans une toile à voile), qui, au moment d'un naufrage, rendent les plus grands services. On cite toujours, — et nous n'y manquerons pas plus que nos devanciers, — le navire *le Constant*, qui, parti d'Anvers pour le Brésil, périt en mer dans la nuit du 12 octobre 1845 à 12 milles de Saint-Thomas. Grâce aux matelas et ceintures de liège se trouvant à bord, tout l'équipage put être sauvé. Et depuis, on n'a fait que perfectionner ces appareils et en augmenter le nombre.

On a fait des vêtements insubmersibles tout en liège, notamment des gilets qui contiennent, entre l'étoffe et la doublure, une feuille de liège assez épaisse pour soutenir le porteur dudit gilet sur l'eau dans le cas où il viendrait à y tomber.

Pour notre part, et quoique nous croyions ce gilet fort incommode, nous préférerions l'employer que de mettre en pratique, dans un moment de danger, le procédé indiqué par le docteur Silvestre, et que tous les journaux ont rapporté avec le plus grand sérieux. Ce procédé est le suivant : on opère une piqûre sous-cutanée, ou l'on fend, à l'aide d'un canif, la gencive au niveau d'une grosse molaire et on insuffle de l'air sous la peau, afin de produire un emphysème suffisant pour faire office de ceinture de sauvetage. On voit cela d'ici : se fendre la gencive avec un canif (si l'on en a un, cela va bien, mais sinon?) et on souffle en tenant la bouche et le nez fermés. La peau se décolle, l'air pénètre entre le tissu cellulaire et la peau, et produit un gonflement suffisant pour soutenir la tête hors de l'eau. Et dire que des gens qui se croient sérieux, des journalistes et des ingénieurs, ont été dupes et se sont dits « heureux de signaler et de faire connaître à leurs lecteurs le procédé du docteur Silvestre », ainsi que dit gravement un de mes savants confrères dont nous avons l'article sous les yeux.

Nous devons encore citer, parmi les appareils de sauvetage en liège, le drap de liège qui a fait son apparition l'année dernière et est composé de brins de liège tissés avec le fil.

Nous allions oublier les *pare-battages* dont on garnit les flancs des bâtiments pour amortir les chocs qu'ils ont à subir lorsqu'ils sont à quai, qu'ils entrent au port ou qu'ils se frayent une route à travers les navires ancrés, pour sortir de la rade. Ces pare-battages sont simplement des sacs en toile contenant des copeaux de liège et placés dans des filets. Tous les bateaux, de quelque taille qu'ils soient, en sont pourvus quand ils ont à craindre des accostages imprévus.

Une dernière application du liège à la marine est faite dans le but de rendre les vaisseaux de guerre imperméables, peu sensibles aux différences de température, et de leur permettre de résister aux voies d'eau ouvertes dans leurs flancs par les projectiles ennemis. Les navires en fer actuels, les cuirassés, ont une double coque en métal dont l'écartement est divisé en *cellules étanches*. Ce sont ces cellules que l'on remplit de copeaux de liège tassés et qui ont pour effet de masquer pendant quelque temps les voies d'eau, en absorbant l'humidité ambiante. Mais il paraît que, dans ces derniers temps, on a trouvé mieux encore, si bien que le liège s'est trouvé détrôné dans cette application.

La nouvelle substance découverte, beaucoup plus

légère et plus poreuse que le liège, est ce qu'on appelle le *cofferdam*, périsperme ligneux de la noix de coco, que l'on réduit en poudre à la machine et dont on compose des briques d'un décimètre cube, qui, enveloppées dans un papier parcheminé imperméable, ne pèsent que 80 grammes, tandis qu'une semblable brique de liège en pèse 320 au minimum.

Le liège est une substance admirable qui se prête aussi bien aux applications minimes et de peu d'importance qu'aux besoins les plus impérieux de la vie. Nous venons de voir sa transformation en appareils de sauvetage ; considérons maintenant ce qu'on fait des fragments provenant de la construction des bouées et ceintures de sauvetage.

On utilise les morceaux de plaques, de quelques centimètres de diamètre, comme supports des thermomètres de bains, bobèches, etc. Quant aux rognures microscopiques, on les recueille et on en fait des flotteurs pour les veilleuses. Avec le liège rien ne se perd, les plus petits morceaux sont précieusement recueillis et transformés de toutes les manières imaginables. Rien que le présent chapitre prouve éloquemment combien cette industrie, insignifiante au début, a pris de développement et quelle est l'utilité de cette écorce qui non seulement sert dans mille besoins de la vie usuelle, mais encore, à l'occasion, sauve cette même vie humaine de la mort, et rend ainsi à la civilisation des services inappréciables.

## CHAPITRE XIII

### CHIMIE DU LIÈGE

L'étude vraiment scientifique du liège date de la fin du XVIII^e^ siècle et elle a été commencée par un savant italien dont le nom est resté célèbre : Brugnatelli, le prédécesseur de Jacobi dans l'invention de la galvanoplastie.

Brugnatelli ayant eu l'idée, en 1787, d'étudier la composition intime du tissu cellulaire formant l'écorce du chêne-liège, soumit ce tissu fibreux à l'action d'un acide fort, et il obtint un corps liquide, d'apparence huileuse, auquel il imposa le nom d'*acide subérique* (de *suber*, liège).

Après Brugnatelli, et dans les premières années du XIX^e^ siècle, l'étude de ce corps nouveau fut reprise par divers chimistes français : Bouillon-Lagrange, Chevreul, Bussy et Boussingault. Pour obtenir l'acide subérique ces savants procédaient de la manière suivante : ils attaquaient 1 p. 100 en poids de liège, préalablement desséché, par 6 p. 100 d'acide azotique concentré. Une réaction se produisait ; alors on évaporait jusqu'à consistance huileuse, et, après avoir repris le produit impur par l'eau bouillante pour le séparer des corps étrangers auxquels il se trouvait mélangé, on obtenait l'*acide subérique* découvert par Brugnatelli. Les études ultérieures prouvèrent que les homologues de cette substance, comme les acides oléique et stéarique, l'huile de ricin, etc., pouvaient se transformer par une opération très simple en acide subérique.

C'est à M. Chevreul, sans contredit, que l'on doit les plus complètes études sur le sujet qui nous occupe. Depuis ses beaux travaux d'ailleurs, aucune recherche de quelque importance n'a été recommencée sur cette matière.

Opérant sur une plaque de liège femelle déjà sèche, notre grand chimiste obtint les résultats suivants, après que le liège eut perdu par sa dessiccation 4 centièmes de son poids d'eau :

Sur 1000 parties de substances traitées successivement par l'eau et l'alcool, dans le digesteur distillatoire, la première expérience (par l'eau) a donné ce qui suit :

| | |
|---|---|
| 1° Huile odorante et acide acétique | 35 |
| 2° Principe colorant jaune | 31 |
| 3° Principe astringent, tannin | 24 |
| 4° Matière azotée | 16 |
| 5° Acide gallique | 16 |
| 6° Autre acide, de nature végétale | 11 |
| 7° Gallate de fer | 4,5 |
| 8° Chaux | 5 |
| En tout, formant | 142,5 |

La partie insoluble dans l'eau, traitée ensuite par l'alcool dans le même appareil, a abandonné au liquide du bain les substances semblables à celles énumérées ci-dessus et, de plus :

| | |
|---|---|
| 1° Matière analogue à la cire, mais cristallisable et appelée *cérine* | 77 |
| 2° Résine molle (M. Chevreul suppose que c'est une combinaison de cérine avec une substance qui l'empêche de cristalliser | 42 |
| 3° Deux autres matières, paraissant contenir de la cérine unie à des principes non déterminés | 38,5 |
| En tout | 157,5 |
| Le liège épuisé, par l'alcool et par l'eau, de toutes ses parties solubles, a pesé | 700,0 |
| | 1 000,0 |

M. Chevreul a donné au résidu de liège qui demeure dans l'appareil, après les deux opérations, le nom de *subérine*. Cette substance paraît être une modification de la cellulose qui forme le tissu fibreux des végétaux. Elle diffère peu, par ses qualités physiques, du liège naturel. Traitée par l'acide nitrique, elle donne naissance à un produit nouveau, l'acide subérique. Le résidu dernier est appelé *subérone*.

Les travaux et recherches de M. Chevreul et de M. Boussingault sur la composition chimique du liège pourraient avoir des résultats parfaitement pratiques auxquels personne ne paraît avoir songé jusqu'ici. En effet, quoique traité par le digesteur qui dissout toutes les parties solubles qu'il contient, le liège ne perd aucunement de ses propriétés d'élasticité et d'imputrescibilité : au contraire, il gagne encore en légèreté. Ce serait donc un bénéfice net pour l'industriel qui met cette substance en œuvre, si, avant de la travailler, il en extrayait tous les principes qu'elle contient. L'huile odorante, le tannin, l'acide gallique, la cérine pourraient très certainement trouver diverses applications et mériter la peine d'un traitement préparatoire permettant de les obtenir sous un état suffisant de pureté.

Quant à l'acide subérique, peut-être en pourrait-on faire des savons ou des bougies, comme on procède

M. Chevreul à l'époque où il fit ses recherches sur le liège.

pour les acides stéarique et oléique qui sont ses homologues. Mais il est probable que le prix de ces objets serait trop élevé, fabriqués de cette façon. L'acide subérique et son résidu la subérone (qu'il ne faut pas confondre avec la *subérine*) demeurent sans emploi dans l'industrie.

Les anciens paraissent avoir connu cet acide qu'ils nous ont décrit sous la forme d'une poudre blanche, terreuse et inodore, fusible à une température de 125 degrés. Mais ils n'en trouvèrent pas d'application, et malgré les beaux travaux de M. Chevreul sur ces corps, ces sous-produits du liège sont restés sans utilité.

Sous une autre forme, le liège peut donner des résultats bien satisfaisants. En le carbonisant en vases clos, il permet d'obtenir une couleur surfine fort estimée et à laquelle on a donné le nom de *noir d'Espagne*.

L'invention, ou plutôt la découverte de cette propriété du liège remonte évidemment au premier bambin qui a brûlé, à la flamme d'une bougie, un bouchon et a cherché à remplacer ainsi une moustache absente. De cette espièglerie enfantine est née une application nouvelle qui a permis d'utiliser les fragments et rognures de liège impropres à toute autre utilisation.

La fabrication du noir d'Espagne, qui est le noir de fumée le plus fin qu'on connaisse, s'opère aujourd'hui comme il suit : on remplit des cornues en terre réfractaire, semblables à celles qui servent dans les usines à gaz à distiller la houille, de fragments menus de liège, puis on chauffe ces cornues pendant plusieurs heures sur un feu assez vif. Il se dégage des gaz qui s'échappent par une cheminée à l'air libre, puis, lorsqu'on juge que l'opération est terminée, on cesse le feu, et on débouche la cornue après qu'elle s'est refroidie.

Le liège alors est retiré, mais non plus sous la

même forme. Sous l'influence du feu, il s'est desséché, carbonisé et réduit en une poussière fine et presque impalpable, d'un noir magnifique et qui conserve encore la propriété la plus frappante du liège : la légèreté. Cette poudre vendue aux marchands de couleurs est broyée avec de l'huile siccative et recherchée surtout des peintres et ensuite des imprimeurs pour le tirage des ouvrages de luxe. Enfin on s'en sert aussi pour fabriquer les *encres de Chine* et certaines encres lithographiques.

Le dégagement de gaz qui se produit pendant cette opération a donné l'idée de se servir des déchets de liège pour la fabrication de gaz d'éclairage. Des chimistes ayant analysé la composition des vapeurs s'échappant pendant la transformation des écorces en noir de fumée, et ayant reconnu qu'elles se composaient d'hydrogène, de carbone et d'autres produits carburés, on a pensé à distiller ce liège comme on fait du charbon de terre. De cette façon, on obtient deux produits, deux résultats et, par suite, double profit, le résidu, après l'extraction du gaz, devant constituer le noir d'Espagne.

C'est en 1874 et en 1875 que les essais les plus sérieux en ce genre ont été tentés, à Bordeaux d'abord, puis à Nérac. On reconnut que le gaz de liège était plus éclairant que celui de la houille, qu'il ne donnait pas lieu, comme ce dernier, à des émanations sulfureuses et malsaines, et qu'il ne noircissait pas les plafonds et les dorures des appartements comme l'hydrogène bicarboné (et sulfuré) des usines employant le charbon de terre pour cet usage. Enfin sa légèreté et sa pureté le recommandaient à plus d'un titre. . . . . . . . . . . . . . . .

A la suite de ces expériences, la ville de Nérac fut, pendant un certain temps, éclairée au gaz de liège, mais après un examen sérieux on dut y renoncer, à cause d'abord de la rareté des déchets de liège, utilisés comme matières premières dans beaucoup d'in-

Appareil pour la fabrication du gaz de liège. — A, socle; B, fourneau; D, barillet; M, jeu d'orgue réfrigérant; F, gazomètre; *c,c'*, cornues; *d*, caisse à eau du laveur; E, caisse à eau du gazomètre; *e*, contre-poids; *g*, robinet d'échappement.

dustries, et ensuite par la difficulté d'emmagasinage des copeaux qui, sous un faible poids, exigeaient un emplacement considérable. C'était excellent en petit, mais quand on voulut procéder en grand et obtenir des milliers de mètres cubes de gaz, la pratique présenta d'énormes inconvénients tels que ceux que nous venons de relater et dont l'un surtout, — la rareté des déchets de liège, — était capital.

Ce résultat est fort malheureux, car le gaz de liège a bien des qualités, ainsi qu'on en a pu juger, et dont l'une des moindres n'est pas la simplicité avec laquelle on l'obtient. En effet une usine pour la fabrication de ce gaz éclairant demande bien moins de complications qu'une usine où l'on se sert de la houille, grasse ou maigre. Pas n'est besoin d'épurateurs, de colonnes à coke, de barillets avec siphons pour l'évacuation du goudron et des produits ammoniacaux. Au sortir des fours, le gaz de liège se refroidit dans des réfrigérants à eau et dans une série de tuyaux appelés *jeu d'orgue*, où il se sépare de ses particules impures, avant d'être envoyé directement à la cuve du gazomètre, où on l'emmagasine avant de le livrer à la consommation et de le lâcher dans les conduites souterraines.

Où l'on pourrait surtout utiliser le gaz de liège, c'est dans les *usines à gaz domestiques*, où la fabrication n'excède pas 10 à 12 mètres cubes par jour. Une tonne de déchets de liège (1,000 kilogrammes) permet de développer, à ce qu'il parait, près de 300 mètres cubes d'hydrogène carboné, et occupe un espace de 3 mètres cubes environ. Si les copeaux de liège se trouvaient en grandes quantités, cette application ne pourrait manquer d'avoir un certain succès, car le prix du gaz obtenu serait minime, aussi bien que la dépense première d'installation.

Enfin il est encore un point pour lequel le gaz de liège serait excellent : pour le gonflement des aérostats, car, étant d'une grande pureté, sa force ascensionnelle doit être notablement supérieure à celle de l'hydrogène bicarboné ordinaire. Mais il ne paraît pas que l'expérience en ait été faite ; nos recherches sont

Batterie de cornues dans une usine à gaz de houille. — D, barillet ; C, cornue ; S, siphon ; X, tuyau d'échappement.

demeurées infructueuses sur ce sujet, et nul, en Europe ou en Amérique, n'a été tenté d'exécuter de semblables recherches.

La chimie du liège est donc, ainsi que le lecteur peut s'en convaincre, un champ à peine exploré, à peine fouillé, et où il est permis d'espérer des résultats nouveaux et féconds. La subérine est encore inutilisée, le liège lui-même, dont on pourrait extraire une foule de sous-produits, sans nuire à aucune de ses qualités, le liège est employé tel qu'on le récolte. On fait simplement dissoudre ces sous-produits dans une eau qu'on jette, lorsqu'on tourne les bouchons, et on n'en tire aucun profit. Nous indiquons donc aux chercheurs, aux esprits sagaces et investigateurs, cette route nouvelle, certainement féconde, car tout n'a pas encore été dit sur cette substance que l'industrie travaille de tant de façons différentes et qui pourtant est encore assez riche pour laisser, encore de nos jours, des découvertes à faire aux chercheurs.

Qu'il nous soit seulement permis de faire remarquer ici que les documents qui précèdent ne se trouvent dans aucun ouvrage, dans aucun traité et sont absolument inédits : ce n'est qu'à force de patience et de persévérance que nous avons pu les réunir et en constituer un tout complet. — Nous indiquons ici la voie, notre tâche est terminée : au lecteur patient ou besoigneux à faire son profit des renseignements que nous avons coordonnés et rassemblés dans le présent travail.

# CHAPITRE XIV

## LES DÉCHETS DE LIÈGE

Dans toutes les industries que nous avons étudiées dans les différents chapitres de ce livre, après la taille, manuelle ou mécanique, des bouchons, après le refendage des plaques minces utilisées dans les objets de toilette, de passementerie ou de papeterie, après la fabrication des appareils divers de sauvetage, il reste un déchet considérable, une quantité énorme de rognures qui, jointes aux morceaux et fragments de la récolte trop petits ou trop défectueux pour être vendus et travaillés, forment un stock énorme de liège qui trouve encore son emploi dans plusieurs importantes industries.

Lorsque le liège est grossier, on en fabrique le *noir d'Espagne;* quand, au contraire, il est de belle qualité, on le réduit en poudre à l'aide de machines spéciales, et cette poudre devient la matière première employée dans deux industries importantes : les linoléums et les agglomérés, que nous étudierons plus loin.

La première idée des agglomérés de liège paraît remonter à l'année 1877, où une demoiselle de Coster prit un brevet pour un produit qu'elle appelait *simili-*

*liège* et qui se composait de poudre de liège additionnée d'un peu de sciure de bois très fine, conglomérée avec de l'oxychlorure de magnésium, d'une dissolution de caoutchouc dans le pétrole, ou de la colle forte bichromatée. M^lle^ de Coster paraissait avoir entrevu tout l'avenir de la question et toutes les applications dont le simili-liège était susceptible. L'aggloméré qu'elle se proposait d'obtenir avec les poudres de liège provenant des déchets de l'industrie des bouchons aurait eu toutes les qualités du liège naturel, avec la propriété en plus de pouvoir être moulé à l'aide d'une pression opérée à chaud, et d'être verni comme les objets en bois ou en celluloïd. Mais nous ne pensons pas que l'inventrice ait jamais tiré parti de sa composition; c'était à d'autres, arrivés bien après elle, qu'était réservé le profit de mettre ses idées en pratique.

Les déchets de liège sont réduits en poudre habituellement à l'aide d'une machine qui les déchiquette en fragments menus. Ces fragments sont criblés par ordre de grosseur et on donne à chaque poudre un numéro d'autant plus élevé qu'elle est plus fine.

Cette poudre de liège ainsi obtenue reçoit différentes applications suivant son degré de finesse. Les plus grossières sont employées avec succès pour l'emballage des objets fragiles, à cause de leur élasticité et de leur légèreté, qui permet de réaliser une notable économie sur les frais de transport. Les poussières les plus fines, appelées *liégines* ou *subérines*, constituent des poudres dont les propriétés balsamiques sont bien connues de tous les hygiénistes. Elles peuvent remplacer, pour les rougeurs de la peau, chez les nouveau-nés, le lycopode, la poudre d'amidon et la fécule. Cependant cette application n'a pas tout le succès qu'elle mérite, probablement parce qu'elle n'est pas suffisamment connue. Avis donc aux jeunes mères.

On a aussi fabriqué, il y a quelques années, sous le nom de *poudre Zifa*, une poudre insecticide à base de liège mélangé avec du phénol ; on a aussi fait avec cette même substance des *allume-feux*, mais ces deux idées ne paraissent pas avoir eu un grand succès.

Les poudres de liège de grosseur moyenne sont aussi, quelquefois, agglomérées avec de l'amidon et employées pour le revêtement de tuyaux, dans le but d'éviter les déperditions de chaleur. Cette application rentre alors dans les *calorifuges* sur lesquels nous nous arrêterons un instant.

Dans les machines à vapeur actuelles, il arrive souvent, — on pourrait dire *presque toujours*, — que le mécanisme moteur se trouve plus ou moins éloigné de la chaudière du générateur qui produit la vapeur. Ces deux parties de la machine sont réunies l'une à l'autre par un tube, par un tuyau que le fluide parcourt. Or, il arrive que, lorsque ce tuyau est *nu*, c'est-à-dire non recouvert d'un enduit protecteur, d'une enveloppe quelconque, la vapeur se condense en partie avant d'arriver au moteur, par suite du refroidissement continu du tuyau à l'air libre.

« Aujourd'hui et plus que jamais, la production économique de la force, dit M. Good, ingénieur des Arts et Manufactures, qui s'est spécialement occupé de la question du liège calorifuge, est devenue pour l'industrie la question vitale et tous les efforts se portent sur l'économie de la vapeur entraînant l'économie du combustible. Mais il ne suffit pas, pour résoudre ce problème, d'avoir créé des générateurs donnant, par kilogramme de houille brûlée, un poids de vapeur maximum ; il faut aussi porter toute son attention même sur des faits secondaires, comme par exemple la condensation subie par la vapeur pendant son passage de la chaudière aux pistons, dans l'intérieur de tubes exposés au froid de l'atmosphère ambiante. »

Ce fait, que signale notre excellent confrère, avait été d'ailleurs, ainsi qu'il en fait lui-même la remarque, reconnu par nombre d'industriels, et ce fut dans le but de remédier à cette perte de vapeur, et par suite de combustible, par condensation, que certains eurent l'idée de recouvrir les parties des générateurs exposées à l'air et les tuyaux de vapeur, de corps mauvais conducteurs de la chaleur, tels que : tresses de paille, cordes, feutre, laine et bourre de soie. Mais ces matières se détruisant rapidement par suite de leur dessiccation au contact de ces surfaces très chaudes, et offrant une cause de danger et d'incendie perpétuelle, on dut y renoncer. Ce fut alors qu'on essaya de l'emploi de la terre glaise, mélangée avec différentes substances et de pâtes et enduits calorifuges de composition diverse. Ces corps sont, il est vrai, incombustibles, mais cette qualité est rachetée par de nombreux inconvénients dont les principaux sont les suivants :

D'abord ces produits doivent être appliqués sur une assez grande épaisseur pour devenir mauvais conducteurs de la chaleur, ce qui, joint à leur grande densité au moment de la pose, donne un poids trop élevé par mètre de tuyaux recouverts, ce qui peut amener la flexion, l'aplatissement et la dislocation de ceux-ci. Ils ne peuvent être appliqués que sur les surfaces d'appareils en pression, c'est-à-dire brûlantes, ce qui rend le travail des ouvriers fort pénible. Ils adhèrent aux pièces qu'ils recouvrent, de telle sorte qu'ils en rendent la visite difficile, sinon impossible, ce qui peut causer les plus graves accidents, notamment pour les cylindres de machines à vapeur, les dômes de chaudières, etc. De plus, le prix de pose est assez élevé, par suite de l'obligation de procéder par couches successives, et, ce qui vient encore augmenter les frais de main-d'œuvre, ce sont les précautions minutieuses qu'il faut observer, tant pour assurer l'adhésion parfaite des pâtes et enduits sur les surfaces à recouvrir, que pour combattre les fissures dues à leur contraction et leur resserrement par l'effet de la chaleur, et les soufflures causées par la vaporisation de l'eau qu'ils renferment. Enfin, quelle que soit l'habileté des ouvriers, il leur est impossible de donner à la couverture une épaisseur rigoureusement uniforme dans toutes ses parties, et, par suite, une forme géométrique à la surface extérieure. Or, cette question de coup d'œil n'est pas sans importance pour les somptueuses salles de machines de nos grandes usines et de la navigation à vapeur.

Même en laissant de côté la question des prix de revient des divers calorifuges proposés, il est à constater que, jusqu'à ces dernières années, aucun produit industriel n'a su réunir les qualités requises d'un bon calorifuge : mauvaise conductibilité de la chaleur sous une faible épaisseur, légèreté, pose et enlèvement faciles, incombustibilité et bon marché. Ce fut alors que quelques personnes avisées songèrent au liège en planches, dont nous avons parlé au chapitre consacré à l'étude de cette forme de liège. Mais la difficulté de trouver des planches assez grandes

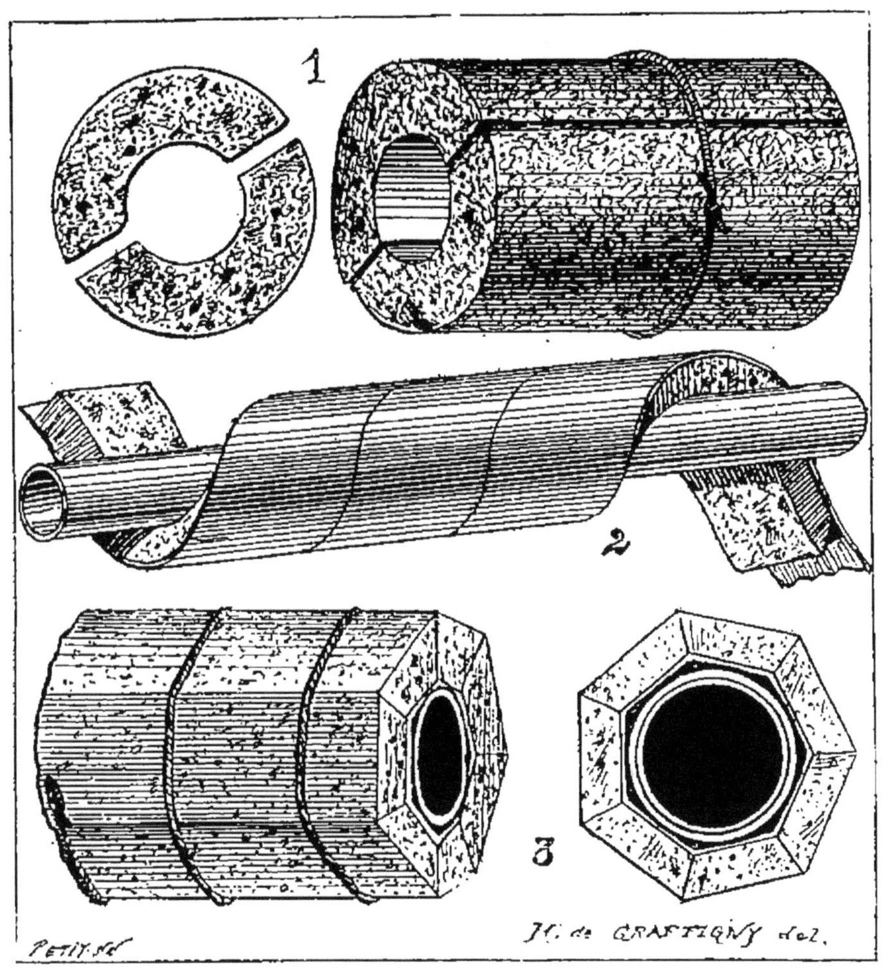


Différents modes de revêtement calorifuge en liège. — 1, aggluminé et moulé ; 2, collé sur bande de calicot ; 3, bandes serrées avec fil de fer.

empêcha d'abord l'adoption de ce calorifuge. On chercha donc à tourner la difficulté et plusieurs solutions ont été données depuis à ce problème.

Suivant la première méthode, on place le long des tuyaux et cylindres à vapeur à recouvrir, des bandes étroites de liège dont les bords se touchent et sont serrés à l'aide de fils de fer. Le tuyau ainsi revêtu est, par conséquent, tangent intérieurement à toutes ces bandes et la section de l'ensemble représente une circonférence inscrite dans un polygone.

Dans le second système, de minces bandes de liège collées sur de la toile, par une colle à base de caoutchouc, sont enroulées en hélice autour du tuyau. Enfin, un troisième mode de revêtement consiste dans l'emploi de deux demi-cylindres évidés, du même diamètre que le tuyau de vapeur à recouvrir et épousant exactement sa circonférence extérieure. Ces tuyaux, qu'on peut faire d'une longueur quelconque, sont en fragments de liège agglutinés ensemble avec une eau gommeuse, et sont recouverts d'une bande de calicot enroulée en hélice que l'on peut goudronner ou enduire d'une peinture convenable.

Chacun de ces trois systèmes permet de réaliser une grande économie de combustible, en empêchant efficacement la condensation de la vapeur et la diffusion du calorique à travers l'air ambiant. Dans des expériences faites sous la direction de M. Walter Meunier, ingénieur-directeur de l'association alsacienne des propriétaires d'appareils à vapeur de Mulhouse, on a obtenu les chiffres suivants :

Nature de l'isolant : liège aggloméré.
Épaisseur : 20 millimètres.
Nature du tuyau : fonte.

Vapeur condensée par heure et par mètre de tuyau :

| | |
|---|---|
| Tuyau nu : | 3 kil. 484 |
| Tuyau enveloppé : | 0 kil. 321 |
| Chiffres proportionnels : | |
| Tuyau nu : | 100 kil. 00 |
| Tuyau enveloppé : | 9 kil. 20 |

A la suite de ces chiffres, et pour établir la supériorité des revêtements de liège pour l'isolement des surfaces chauffées, voici les résultats d'une autre expérience exécutée par M. Druit Halpin, ingénieur civil londonien, à la demande d'une association anglaise. Ces résultats viennent appuyer et corroborer, comme le lecteur pourra s'en rendre compte, les chiffres obtenus par M. Walter Meunier.

L'examen de ce tableau indique que le liège appliqué sur des conduites métalliques n'a donné qu'une condensation de 0 kilog. 321 par mètre carré au lieu de 3 kil. 484 à tuyau nu, il réduit donc la perte de vapeur de 90 pour 100, ce qui revient à dire que, par mètre carré et par heure, il empêche 3 kilog. 163 de vapeur de se changer en eau.

| | Durée de l'expérience. | Eau condensée totale. | Eau condensée dans les tuyaux en dehors de l'expér. | Eau condensée nette. | Eau condensée nette par heure. | Eau condensée nette par heure et par minute. | Eau condensée pour 100. | Économie. |
|---|---|---|---|---|---|---|---|---|
| Tuyau nu... | 1.65 / 100 | 9.020 | 1.628 | 7.392 | 4.480 | 3.740 | 100 | » |
| Couverture simple.. | 4 | 5.915 | 3.948 | 1.967 | 0.492 | 0.410 | 10.96 | 89.40 |
| Couverture double.. | 4 | 5.057 | 3.948 | 1.100 | 0.177 | 0.231 | 6.17 | 93.83 |
| Tuyaux en dehors de l'expérience | 4 | 3.948 | 3.948 | 3.948 | 0.987 | » | » | » |

Par conséquent, pour une année de 300 jours à 12 heures de travail, et en comptant un kilogramme de houille pour la vaporisation de 7 kilogrammes d'eau, on arrive à une économie de combustible de 1,620 kilogrammes par mètre carré de conduites préservées de cette façon.

Le liège employé comme calorifuge présente encore d'autres avantages. L'épaisseur des plaques servant aux revêtements étant en moyenne de 22 à 25 millimètres, et le mètre carré ne pesant que 3 kilogrammes environ, il n'y a aucune crainte de surcharger les conduites et de fatiguer les joints. Son homogénéité est supérieure à celle de tous les enduits précédemment proposés; il ne présente aucun des défauts de structure reprochés à ceux-ci; grâce à son élasticité, il peut suivre sans se fendre tous les mouvements de dilatation des tuyaux ainsi recouverts. Si l'on ajoute à cela qu'il n'oxyde pas les métaux, qu'il est impénétrable à l'humidité et peut par suite être exposé à l'air libre, et qu'il est imputrescible, on conviendra que c'est plus qu'il n'en faut pour le préférer à quelque revêtement que ce soit. Enfin tout danger est écarté, grâce à la visite facile des surfaces recouvertes, l'enlèvement d'un semblable calorifuge pouvant s'opérer en quelques instants sans la moindre difficulté, en desserrant simplement les fils de fer qui le maintiennent.

On pourrait craindre qu'au contact permanent de surfaces brûlantes, le revêtement vînt à prendre feu, mais, en réalité, cette crainte est illusoire. On n'a qu'à se rappeler la difficulté d'enflammer le liège, qui est considéré comme à peu près incombustible. A la longue, l'entourage des tuyaux surchauffés se carbonise légèrement, mais cette combustion lente ne s'étend pas au delà d'une profondeur de quelques millimètres.

Le liège étant le plus mauvais conducteur de la chaleur qu'on connaisse, peut être, par suite, employé non seulement pour empêcher les pertes de calorique à l'extérieur, mais tout aussi bien comme enveloppe protectrice du froid. C'est ainsi qu'on peut en garnir les appareils pour la fabrication de la glace, en revêtir et garnir l'intérieur des glacières contre la température ambiante. Dans les pays chauds, on peut l'utiliser pour le doublage des toitures de chemins de fer où l'action du soleil est parfois si pénible pour les voyageurs. A plus forte raison, son application est indiquée pour la garniture intérieure des coques de navires de guerre ou des navires en fer appelés souvent à naviguer sous des latitudes faibles ou élevées ; où les températures extrêmes sont également à redouter.

Cette énumération, quoique encore incomplète, des services que les déchets de liège peuvent rendre, rien que dans l'emploi de calorifuge, est, croyons-nous, suffisante pour donner une idée au lecteur de ce qui reste encore à faire, — après tout ce qui a été fait déjà, — dans cette importante question de l'utilisation de l'écorce du chêne-liège. Aussi peut-on prédire, sans crainte de se tromper, à cette industrie, une extension encore plus considérable. Son passé nous répond de son avenir, et certainement la culture de ce chêne, en raison des besoins sans cesse grandissants du commerce, est appelée à une prospérité magnifique. Par quoi pourrait-on jamais remplacer cette utile écorce, si jamais les arbres qui la produisent venaient à disparaître ?

# CHAPITRE XV

## LES AGGLOMÉRÉS DE LIÈGE

Le présent chapitre arrive tout naturellement à la suite de celui qui précède et en est le complément, car de l'agglutination des poudres de liège aux agglomérés il n'y a qu'un pas.

Les agglomérés de liège forment un perfectionnement de la méthode primitive que nous avons signalée et sont apparus postérieurement à ce procédé, sur lequel ils présentent l'avantage de pouvoir être moulés sous toutes les formes imaginables. Aussi, cette nouvelle industrie, de peu d'importance au début, prend-elle de jour en jour un accroissement plus considérable, ce qui permet de comprendre pourquoi les déchets de liège provenant de la fabrication des bouchons ou des autres objets d'usage journalier deviennent si rares qu'il est impossible d'en trouver suffisamment pour fabriquer le *gaz de liège*.

La fabrique la plus importante d'agglomérés de liège est, paraît-il, celle que MM. Scrivener et Gay ont fondée dans les environs de Rouen et qui est parvenue depuis quelques années à fournir au commerce et à l'industrie des produits supérieurs. Employés en grand et d'une manière pratique en France et en Alsace, ils ont donné les meilleurs résultats, aussi bien au point de vue de leur résistance au passage de la chaleur et du froid qu'au point de vue de l'économie.

On peut obtenir des agglomérés de liège avec toutes les grosseurs de poudre, suivant que l'on veut avoir un tissu plus ou moins fin ou plus ou moins serré. Après que les morceaux de liège, arrivant des départements de récolte ou des régions où le travail du liège

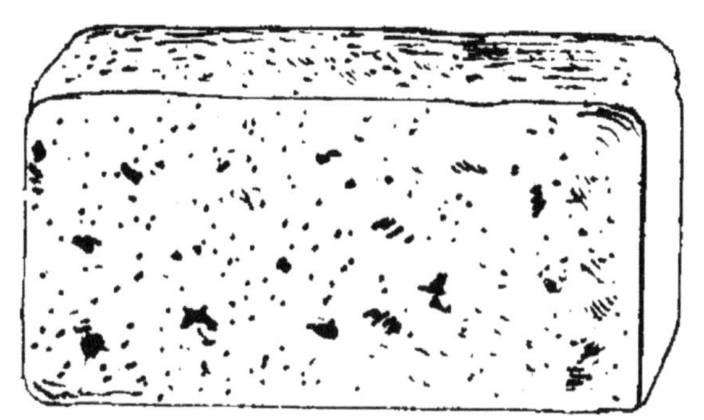

Brique de liège.

s'exécute sur une grande échelle, ont été broyés, réduits en fragments imperceptibles, moulus et criblés, puis mis par ordre de finesse, on agglomère les poudres subéreuses en les mélangeant de lait de chaux, d'amidon ou de gomme et en les soumettant à la pression d'une presse hydraulique qui chasse l'excès de liquide.

En plaçant et en comprimant ces mélanges dans un moule chauffé on peut obtenir des agglomérés d'une forme quelconque : briques, tuiles, plaques, cylindres, etc., qui peuvent être employés soit comme calorifuge, soit aux mêmes usages que le liège mâle dans les pays de production, par exemple comme tablettes, conduites d'eau, couvertures de cabanes, ruches et pour la décoration des parcs et des jardins. Mais, sans contredit, la première des deux applications est de beaucoup la plus féconde.

La *pâte de briques* est composée de la poudre de liège la plus grossière, agglomérée suivant les mêmes moyens que nous avons relatés plus haut. Elle sert exclusivement à composer des cubes et des parallélipipèdes rectangulaires, qui forment d'excellents matériaux pour les constructions. Les briques ont environ $0^{m},06$ d'épaisseur; les *panneaux* sont un peu plus minces.

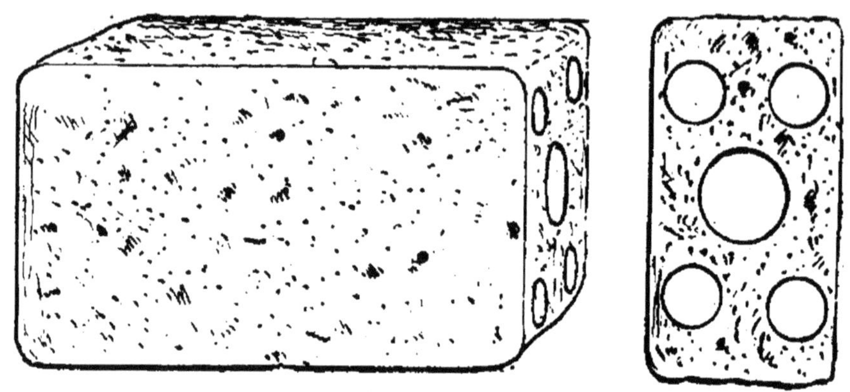

Brique de liège à trous. — Vue de face et de côté.

On s'en sert pour la construction des refends, le revêtement des murs humides, des soupentes ou des versants d'un comble. Dans les glacières et les caves de brasseries, les revêtements en briques de liège aggloméré diminuent la fusion de la glace; dans nos fabriques de poudre à canon, elles évitent l'imbibition des poudres par l'humidité, et, en cas d'explosion, leur friabilité et leur légèreté diminuent l'importance du sinistre. — On devrait bien étendre cette application aux casemates, aux poudrières, capsuleries, cartoucheries, fabriques de mélinite et autres dépôts de matière fulminante. Nous n'aurions peut-être pas à déplorer les effroyables accidents dont on a malheureusement trop souvent à enregistrer les résultats!

Il faut mentionner aussi l'emploi qui est fait, particulièrement en Alsace, des briques de liège pour les *hourdis de planchers*, dont elles détruisent la sonorité si désagréable. Dans les filatures du Nord et de l'Est de la France, en Lorraine et en Alsace, ces briques ont donné d'excellents résultats, tant au passage du son, de la chaleur et du froid, qu'au point de vue de l'économie, lequel n'est jamais à dédaigner.

Comme calorifuge, les agglomérés de liège présentent l'avantage de pouvoir être appliqués au recouvrement de grandes surfaces, comme toits et murs de glacière, chaudières, bouilleurs et dômes de vapeur. La figure ci-contre permet de se rendre compte de la façon dont on procède pour la mise en place de ces briques.

On les place simplement côte à côte sur toute la convexité de la chaudière exposée à l'air, de manière à former un revêtement protecteur solide, aussi facile à placer qu'à enlever. Pour les dômes de prise de vapeur, les briques sont juxtaposées suivant leur hauteur et serrées à l'aide d'un lien de fer pour former un tout rigide.

Quand on a affaire à des tuyaux de faible diamètre, la pose du calorifuge s'opère sur le métal même, au moyen de fils de fer espacés de 15 centimètres environ. Le seul soin auquel on soit astreint consiste à alterner le joint des pièces composant l'enveloppe. La chaleur produisant sur le liège un effet de contraction, on resserre le revêtement sur le tuyau au bout de deux ou trois jours, au moyen du fil de fer. On peut alors entourer les tuyaux de bandes de toile légère préalablement imbibées pour les rendre plus maniables, et enduire le tout d'une couche d'amidon au pinceau.

Parmi les applications des agglomérés de liège, lesquelles sont déjà assez nombreuses ainsi qu'on en peut juger, nous citerons tout particulièrement une construction fort curieuse, qui fut élevée à l'exposi-

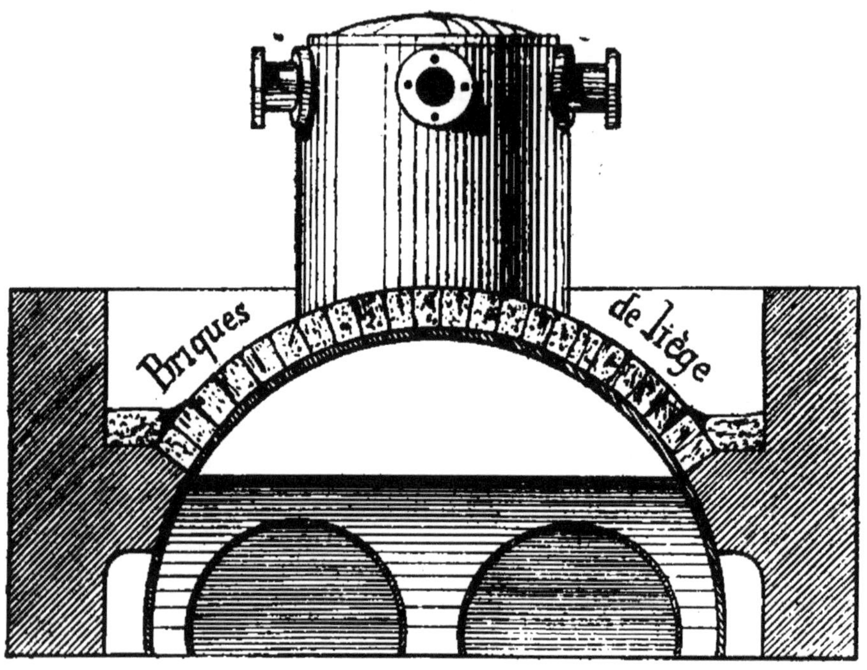


Coupe d'une chaudière revêtue de liège calorifuge.

tion du Travail, au Palais de l'Industrie, en 1885, et présentait la bizarre recherche de ne contenir que des objets de liège bruts ou travaillés.

Cette construction, fort élégante d'aspect, avait la forme d'un kiosque de deux mètres de côté, soit quatre mètres carrés de superficie. Les murs étaient composés en briques de liège aggloméré suivant les procédés décrits plus haut, et le toit était formé de morceaux de liège mâle d'Algérie. L'édification n'avait pas demandé plus de quarante heures de travail.

Ce kiosque curieux servait de bureau à l'un de nos amis et confrères, qui, en grand ami de la publicité intensive, avait eu l'idée de profiter de l'attraction causée sur le public par la « maison en bouchons » pour y installer l'administration d'un nouveau journal qu'il venait de lancer en circulation.

Cette maison de liège était fort ornementée à l'intérieur. Les tentures des murs étaient en linoburgau aux tons éclatants et irisés. Sous les pieds, un épais et moelleux tapis de linoleum était étendu. La porte était doublée avec des plaques de liège pour être complètement insonore, et, si le liège eût été transparent sous une faible épaisseur, certainement on eût remplacé par cette substance les vitres des fenêtres.

Les meubles du kiosque se ressentaient de la recherche du propriétaire, désirant sans doute avoir un bureau sans pareil au monde. La table servant de bureau était une magnifique planche de liège, renforcée en dessous par une plaque de bois. On y remarquait, près d'encriers et de porte-plume en liège, des monceaux de prospectus imprimés sur des feuilles de cette substance de moins d'un quart de millimètre d'épaisseur, des étuis et mille bibelots divers de même substance. Les collections de journaux étaient empilées sur des tablettes de liège, et aux murs, dans un groupement pittoresque, étaient suspendus, en guise de trophées ou de panoplie, tous les objets usuels qu'on fabrique avec le tissu subéreux.

Il n'était pas jusqu'au propriétaire même du kiosque dans les vêtements de qui on ne retrouvât la preuve de la même préoccupation : Le directeur du *Chercheur*

Le kiosque en liège du *Chercheur* à l'Exposition du travail.

avait des semelles de liège dans ses bottines, une feuille de liège sous la doublure de son paletot pour rendre ce vêtement chaud et imperméable, un cuir aérifère dans son chapeau entièrement en liège, et une magnifique cravate en liège imprimé éblouissant les regards par ses chatoyantes couleurs !

Lorsque ce personnage extraordinaire, que nous avions surnommé entre nous l'*homme-liège*, nous reçut dans son étrange bureau, il fumait gravement une énorme pipe brune taillée dans un cabochon de liège, et s'appuyait sur un jeune chêne-liège verni, orné d'une pomme d'argent, et lui servant de canne. Après nous avoir fait les honneurs de sa curieuse installation et nous avoir inscrit sur un carnet de liège avec une encre à base de *noir d'Espagne* pour plusieurs abonnements gratuits, il nous offrit une tasse de café tiré des glands doux du chêne-liège. A notre grande stupéfaction, les tasses où fut versé le noir breuvage étaient en substance dure et de couleur grise que l'on nous dit être extraite du *grand amadou* qui envahit le chêne-liège lorsque cet arbre décline et meurt, après avoir, pendant de longues années, prodigué son utile écorce au forestier qui le cultive. Et, comble de la liègeomanie (ou subéromanie), le directeur du *Chercheur* nous assura que l'excellent cognac dont nous usions était encore extrait de cet arbre providentiel, ou du moins de ses glands, traités d'une certaine façon par un habile distillateur. Ce qui nous fit faire, en *a parte*, la réflexion suivante :

— Un homme sérieux s'occuper autant que cela du liège, une chose aussi *légère?*...

Hélas ! qui de nous peut deviner ce que lui réserve l'avenir ?...

# CHAPITRE XVI

## LA TAPISSERIE DE LIÈGE

Il y a de cela cinq ou six ans, des industriels écossais imaginèrent de fabriquer des plaques de liège artificiel en agglutinant au moyen d'une certaine colle-forte tous les déchets provenant du découpage des bouchons et autres objets de liège. Tout d'abord, la réussite fut incertaine, mais les procédés ayant été perfectionnés et améliorés, à la longue, on finit par obtenir des produits de qualité suffisante pour être mis en circulation. Dès lors, une nouvelle industrie se trouva créée : la tapisserie de liège.

D'Écosse, ces échantillons arrivèrent en Angleterre. En gens pratiques qu'ils sont, les Anglais reconnurent tout l'avenir de cette branche nouvelle, et des usines se fondèrent pour la fabrication des tentures et tapis de liège ; ce ne fut, comme toujours, que plusieurs années après que l'excellence de ces tissus eut été prouvée, qu'ils passèrent le détroit et arrivèrent en France.

La première chose que fit la compagnie qui exploita dans notre pays les procédés anglais, fut de donner un nom au produit qu'elle allait offrir à la consommation publique. On appela donc *linoleum* ces tapis, de deux mots latins qui signifient *liège* et *huile*, nom fort bien approprié, car le linoleum n'est composé que de liège et d'huile.

Le liège arrive en sacs, sous plusieurs formes différentes, selon le lieu d'expédition. Lorsqu'il vient des

Meule à réduire les déchets de liège en poudre.

bouchonneries, il est en copeaux minces et qui flambent comme du bois sec ; quand on le reçoit directement des lieux de production, les morceaux sont de plus grande taille, mais plus grossiers. Il est donc nécessaire, pour obtenir une poudre de liège de bonne qualité, de mélanger, suivant certaines proportions, des écorces brutes avec celles qui sont travaillées.

La réduction en poudre de tous ces fragments s'exécute dans un bâtiment de l'usine spécialement affecté à ce travail. Elle s'opère à l'aide de meules en émeri ordinaires tournant avec une grande rapidité. Par suite de l'énergique friction qu'ils subissent, tous ces morceaux de liège sont usés en moins de rien et réduits en poudres de différentes finesses que l'on passe ensuite au tamis pour les mettre par ordre de grosseurs.

Les poudres de liège ainsi obtenues et préparées passent dans un second atelier, situé dans un autre corps de bâtiment, où on les met en œuvre.

On mélange cette poudre de liège avec de l'huile de lin oxydée par un procédé très simple et rendue siccative avec un peu de litharge, puis on étend la pâte obtenue sur une étoffe si l'on veut avoir des tapis, sur du papier si l'on désire fabriquer des tentures. Lorsque cette pâte commence à sécher on passe l'étoffe qui la supporte entre deux cylindres chauffés à la vapeur; la composition de liège durcit, devient homogène et adhère fortement à son support.

La couleur du *linoleum* ainsi obtenu est un peu plus foncée que celle du liège ordinaire, ce qui tient en grande partie à l'huile qui sert d'agglomérant. Aussi ajoute-t-on généralement à la pâte, pendant la fabrication, des matières colorantes qui donnent au tissu des teintes un peu moins sombres, parfaitement unies, si le malaxage de la pâte a été bien fait, et imitant les bois de diverses essences.

Les tapis en linoleum sont chauds, doux aux pieds, absolument imperméables, et ils présentent l'avantage, dû au liège qui les compose, de rendre les parquets complètement insonores. Toutes ces qualités réunies seraient plus que suffisantes pour faire adopter partout ces tapis, s'ils n'avaient pas contre eux leur odeur forte et pénétrante, désagréable à beaucoup de personnes, et due à l'huile de lin dont on ne peut atténuer la puanteur. On se borne donc, en général, à utiliser le linoleum pour les escaliers des maisons, les cuisines, vestibules, couloirs, mais non pour les intérieurs riches, salles ou salons de réunion.

Comme tenture, le linoleum présente plusieurs avantages, sa surface étant parfaitement unie, on peut imprimer ou peindre sur elle des motifs décoratifs quelconques et en faire des panneaux ou des plafonds, ne craignant ni les gerçures ni les craquelures si funestes pour les toiles à tableaux, sans compter que le pinceau d'un peintre peut les transformer en véritables œuvres d'art que l'on peut nettoyer et laver lorsqu'elles ont été noircies ou encrassées par la poussière et la fumée. C'est l'utile joint à l'agréable.

Le principal avantage des tissus en linoleum est de faire d'une habitation malsaine, insalubre, aux murs humides ou d'une maison fraîchement construite et dont les plâtres sèchent, une demeure saine, chaude et surtout salubre. La composition de liège ne se détache pas, quelle que soit l'humidité des murailles, de la toile ou du papier sur lequel elle est collée. A la longue, l'odeur âcre de l'huile de lin s'atténue et disparaît, ce qui est un mal, disent certains fabricants, car cette odeur même est utile et éloigne les insectes qui habitent les défauts des tentures qu'ils rongent et détruisent.

L'usine d'Orly est l'une des plus importantes fabriques de linoleum de France. Elle se compose de 18 corps de bâtiments, occupés chacun par des ateliers différents pour la préparation des matières premières, leur transformation en tapis, tentures, panneaux mats et colorés, etc. Plusieurs centaines d'ouvriers sont occupés à cette manutention qui produit pour plusieurs millions de francs de linoleum par an, ce qui est la meilleure preuve de l'importance de cette industrie, autrefois monopole de l'étranger.

L'architecte et le tapissier décorateur ont su tirer un utile parti des qualités du linoleum et ils l'emploient actuellement de cent façons différentes, soit sur des murs humides comme panneaux décoratifs, soit sur les carrelages, dalles, bitume, planchers qu'il transforme de la manière la plus heureuse, tout en les mettant à l'abri de l'humidité. Ce produit est maintenant utilisé dans un grand nombre d'établissements pour le revêtement des murailles, des planchers et des plafonds. Citons les salles du Garde-Meuble de l'État, les couloirs du Sénat, de la Chambre des députés, de la préfecture de la Seine, des ministères, de la Banque et de la Bibliothèque nationale à Paris; les hôpitaux, les hôtels, et enfin les grands navires de transport, de guerre et de commerce.

La préférence témoignée pour les tissus de liège par les marines de différents pays a porté un coup terrible à l'industrie des toiles cirées, qui ne s'en relèvera probablement pas, car dans toutes les applications de ces toiles, les linoleums se substituent aujourd'hui avec d'immenses avantages.

Devant le succès remporté en France par la compagnie importatrice du linoleum, plusieurs maisons similaires se sont organisées sous la direction d'ingénieurs et d'industriels français, et nous tenons de source certaine que nous faisons tout aussi bien aujourd'hui dans ce genre que nos concurrents étrangers. La pâte de liège est tout aussi bien obtenue, l'agglomérant sent moins fort que l'huile de lin oxydée, et, avantage considérable, le prix de revient est bien moins élevé que chez nos voisins qui, eux, ne cultivent ni ne récoltent le liège.

Tapis en linoleum.

Parmi ces imitations, l'une des plus connues et des plus appréciées est le produit auquel on a donné le nom de *jutoleum*, et que l'on rencontre chez tous les marchands d'articles de tapisserie et de sparterie.

Enfin, ce que l'on a fait de mieux dans le genre que nous examinons est ce qu'on appelle le *lino-burgau*, dernier et artistique perfectionnement du linoleum.

On sait que l'on donne le nom de burgau à une espèce de mollusque qui vit aux Antilles et dont la coquille est teintée des plus magnifiques reflets. La bijouterie notamment s'en sert fréquemment sous le nom de burgaudine, ainsi que la coutellerie et différents autres corps de métier qui mettent cette matière en œuvre. L'industrie du lino-burgau n'utilise, elle, que les plus infimes fragments de burgau, tous les plus petits éclats brillants arrachés à la coquille par la meule, et des résidus de deux matières travaillées, elle forme des tapis, des plafonds et des panneaux aux reflets irisés. C'est la meilleure preuve de l'inflexibilité de la loi du transformisme, aussi vraie dans l'ordre naturel que dans l'industrie. Rien ne se perd, rien ne se crée ; c'est là un axiome inéluctable.

Pour fabriquer le lino-burgau, on procède comme pour le linoleum, c'est-à-dire qu'on agglomère des poudres de liège que l'on étend ensuite sur des bandes de toile ou de papier et que l'on comprime de manière à laisser au liège une épaisseur de 2 à 10 millimètres. On applique ensuite sur ces bandes, après dessiccation complète, des vernis à base de gomme, lesquels retiennent les fragments de nacre qui doivent donner aux panneaux leur aspect irisé. Enfin on métallise certaines parties par des procédés spéciaux, tenus secrets par les inventeurs, et le lino-burgau est prêt à être livré au commerce.

On ne peut se faire une idée, sans l'avoir vu, de ce que l'intelligence des industriels qui fabriquent ce produit leur permet d'obtenir avec ces poussières de nacre dont l'éclat se marie avec les tons métalliques des parties peintes ou métallisées. Nous avons vu des peintures qui sont doublement des œuvres d'art, d'abord à cause de l'exécution du dessin, ensuite par le talent décoratif déployé par le mélange des couleurs, empruntant à la nacre tous les reflets de l'arc-en-ciel. Aussi croyons-nous ce nouveau perfectionnement appelé à un grand succès malgré son prix un peu plus élevé.

Telles sont les applications du liège à l'industrie de la tapisserie. Elles sont déjà fort importantes, cependant il est à présumer qu'elles sont appelées à prendre une extension encore plus considérable, à mesure que les procédés de fabrication se perfectionneront, ainsi que l'outillage de production. C'est ce que nous souhaitons du moins aux artistes pleins d'imagination qui ont créé cet art décoratif tout nouveau, et qui progressera certainement, au fur et à mesure qu'on le connaitra mieux et qu'on en appréciera davantage l'incontestable utilité.

# CHAPITRE XVII

## LES CURIOSITÉS DU LIÈGE. — RÉSUMÉ.

Nous avons passé en revue jusqu'ici tout ce qui a été imaginé dans le champ, si fécond et déjà si étendu, des applications du tissu subéreux à une foule de besoins de la vie civilisée. Successivement, nous avons assisté à la naissance du chêne qui produit l'écorce que mille industries mettent en œuvre, à la vie active, à la décrépitude et à la mort de cet arbre majestueux. Nous avons vu ce colosse des forêts surgir d'un gland, roulé dans la poussière de la route par le vent qui l'avait arraché des branches natales, se développer grâce aux soins continus de Nature, mère de toutes choses ici-bas, grandir et sortir, grêle et craintif, hors du sol; nous avons admiré ce roi des végétaux dressant sa tête fière et orgueilleuse au-dessus de la tête de tous ses cousins des forêts, écrasant les plantes qui rampent misérablement à son pied robuste. Pendant de longues années, ce chêne a étendu son immense ramure au-dessus des modestes futaies, cherchant au loin la vie avec ses tortueuses racines. Puis l'homme est venu et lui a imposé sa domination. Il a récolté les glands de ce chêne, regrettant comme Gareau que les fruits de ce géant végétal ne fussent pas en rapport avec sa taille gigantesque, puis remarquant l'écorce, cet homme l'a considérée comme son bien et sa propriété.

Il a donc arraché au chêne-liège son vêtement cortical ; l'arbre, blessé, dénudé s'en est formé un nouveau pour résister à l'action corrosive des pluies, au souffle du siroco qui dessèche, aux mandibules des insectes qui le trouent, et pendant un siècle et plus ce vêtement lui a été retiré, à des périodes régulières, par l'homme qui savait en utiliser la substance élastique et incorruptible.

Mais à la longue, ce chêne superbe et orgueilleux est arrivé au déclin de son existence, à la vieillesse, à la décrépitude. Son tronc lamentablement dépouillé ne reforme plus l'écorce protectrice ; des plaies hideuses et béantes le sillonnent jusqu'à la naissance des branches, et dans ces crevasses, creusées en plein aubier, se développent et subsistent des milliers de familles de parasites : fourmis, chrysomèles, *cossus*, orchestes. Ce grand arbre, qui ne pouvait souffrir la vie à son pied, en est maintenant le refuge, et, découronné, il reste comme un squelette dominant la forêt, jusqu'au jour où, vaincu par la foudre ou renversé par l'ouragan, il s'écroule, tandis que sa ramure rend un bruit funèbre. Le chêne-liège a vécu, mais même après sa mort il sera encore utile, car son aubier donnera un excellent combustible.

Cette écorce, nous l'avons vue préparer sur place avant de la livrer au commerce ; après avoir été nettoyés, râclés et bouillis, les morceaux d'écorce sont aplatis en planches, assemblés en balles et envoyés aux manufactures qui les mettent en œuvre.

Les plus belles et les plus épaisses planches vont

directement chez le bouchonnier qui les détaille en bandes étroites, puis divise ces bandes en carrés de grosseur supérieure à celle du futur cylindre. Puis, après avoir été ramollis par une immersion prolongée dans une eau tiède, ces carrés sont remis à l'ouvrier qui les taille à la main ou sur la machine avec une surprenante vélocité. Les déchets sont mis en sacs et revendus.

Alors, si nous suivons les pérégrinations de cet humble morceau de liège, nous le voyons, après sa mise hors de service, recueilli avec soin, sur les flots où il navigue, ou dans les immondices des grandes villes, puis classé, retaillé, amoindri et remis au rebut, ou réduit en poudre pour l'emballage, la fabrication des agglomérés ou des tapis de liège. Quant aux plaques, de qualité ou d'épaisseur insuffisante pour être utilisées dans la bouchonnerie, nous les voyons réduites en feuilles minces pour la fabrication d'objets de mode, de toilette, de passementerie, de papeterie, et enfin mises à profit par les ouvriers polisseurs, scieurs-mécaniciens ou pâtissiers.

Lorsque ces plaques sont défectueuses, on les colle, on les tourne, on les polit et on en fabrique des flotteurs, des bouées, des ceintures de sauvetage, et mettant à profit deux des principales propriétés du liège : la légèreté et la résistance à la chaleur et au son, on en fait des revêtements calorifuges ou des doublages pour les navires.

Telle est, à grands traits, l'histoire du liège et de ses applications que nous avons développée dans le présent livre et que le lecteur a vue successivement se dérouler. Mais dans l'étude des objets que l'on construit en liège nous avons omis ce qui a été fait de plus curieux avec cette substance, ce qu'on pourrait appeler les merveilles du liège. Nous examinerons donc ici ces objets qui méritent d'être connus.

A tout seigneur tout honneur, dit le proverbe. Commençons donc par le bouchon, qui est incontestablement en tête de toutes les applications du tissu subéreux.

Nous avons vu, lors d'une conférence faite sur le liège par notre excellent confrère Good, dont nous avons eu plusieurs fois l'occasion de signaler les travaux au cours de ce volume, un bouchon de liège qui lui avait été confié par M. Demuth, pour servir à ses démonstrations. Ce cylindre était bien certainement le roi des bouchons, car il ne mesurait pas moins de 10 à 15 centimètres de haut et plus de vingt centimètres de circonférence. C'était un spécimen d'une rareté extrême, presque unique en son genre, car l'écorce d'où on l'avait tiré devait avoir au moins vingt années d'existence. Peut-être ce bouchon venait-il d'un vieux chêne-liège qu'on avait oublié de démascler pendant plusieurs récoltes?

La facilité avec laquelle le liège se travaille, soit sur la meule d'émeri soit sur la machine, a permis à de certains ouvriers de faire de véritables merveilles avec de simples bouchons, travaillés avec une incroyable patience et une sûreté de main sans égale. Il y en a qui ont creusé les bouchons en cylindres creux où l'on peut loger mille objets divers; d'autres les ont tournés et profilés de manière à laisser apercevoir le profil d'une tête, la silhouette d'un personnage quelconque; enfin, les derniers ont été assez adroits pour ne faire qu'un copeau très mince, de plus d'un mètre de longueur sur un dixième de millimètre d'épaisseur dans un seul bouchon. C'est un véritable tour de force d'exécution.

En Algérie et dans les pays où l'on cultive le chêne-liège, il arrive qu'on coupe les rejets pour en faire des cannes et des gourdins solides et légers. Nous avons vu mieux que cela à Paris, nous voulons parler d'une canne faite de fragments de bouchons enfilés dans une mince tige d'acier. Toutes ces rognures avaient été tassées, agglomérées au moyen d'une colle à la gomme-laque, puis on avait donné à la canne mise sur le tour ou sur la machine à fabriquer les bouchons, une forme parfaitement régulière.

Ce procédé d'ailleurs n'est plus nouveau. On fabrique maintenant de cette façon des cannes en papier mâché et comprimé, ou mieux en fragments de papier que l'on enfile, en les tassant bien, dans la tige d'acier, et que l'on tourne et polit ensuite. On peut voir aussi, dans les vitrines de certains industriels parisiens, des cannes du même genre, formées de cailloux ou de pierres trouées.

Mais revenons au liège.

Ce que l'on a fait de plus joli, selon nous, dans le genre qui nous occupe, c'est, bien certainement, ces constructions fragiles, tout en liège, et que l'on a pu admirer dans quelques Expositions.

Nous avons parlé du kiosque de liège de l'Exposition du Travail, mais qu'il y a loin de cette robuste construction aux gracieux chefs-d'œuvre dont nous nous occupons ! Qu'on se figure une église, une cathédrale, avec ses portails, son clocher, sa flèche en miniature, le tout ayant une hauteur de quarante centimètres ! C'est fait de morceaux de liège tournés avec une patience infinie et rapportés avec un soin inouï. Rien ne manque ; ni les statues de saints, ni les guivres hideux, ni les ferrures des vantaux. Les portes pivotent sur leurs gonds, les hautes croisées ogivales sont garnies de vitraux, et le coq tourne sur sa girouette. On ne peut se défendre d'un sentiment de réelle admiration devant ces travaux de patience et d'adresse.

Nous sommes arrivé maintenant aux dernières pages de cette étude du liège et des transformations de cette substance en objets divers. Pris à son origine, nous avons assisté à toutes ses applications ou du moins à ses plus importantes, car nous n'avons pas, nous le répétons, la prétention d'être absolument complet, et il y a bien des industries où l'on utilise le liège, et que nous ne connaissons pas, ou que nous avons pu oublier. De plus, la mauvaise volonté de certains fabricants nous a empêché d'obtenir des renseignements aussi complets que nous l'eussions désiré, car plusieurs d'entre eux sont loin de désirer voir vulgariser et se répandre dans le public les procédés d'une industrie naissante et sujette à la concurrence.

Mais en revanche, si ce livre n'est point aussi parfait qu'il pourrait l'être, nous croyons qu'il présente tout au moins le mérite de la nouveauté. Ce n'est pas une compilation où l'auteur n'a eu qu'à puiser dans des travaux antérieurs, mais bien une suite de recherches dans un ordre d'idées absolument neuf, dans un champ encore presque inexploré. L'industrie du liège, malgré son importance énorme constatée par la consommation qui s'en fait dans le monde entier, est encore à son aurore, et il reste encore à faire et, nous en sommes convaincu, à trouver dans le vaste ensemble de sa production, de son utilisation et de ses applications.

La plus noble mission de l'écrivain, qui le rend utile à ses semblables, est celle qu'il accomplit lorsqu'il porte à la connaissance du public, de l'inventeur, du chercheur ou simplement du curieux, intelligent et avide de connaître et d'apprendre, les procédés nouveaux de l'industrie, les découvertes récentes des sciences, en un mot toutes les conquêtes de l'esprit sur la matière. La littérature ne sert qu'à rendre les démonstrations, les explications nécessaires moins arides. Lorsqu'on tourne le dernier feuillet d'un roman, on n'est souvent pas plus avancé qu'avant de commencer, tandis qu'au contraire la lecture d'un ouvrage quelconque de vulgarisation, tout en délassant et en récréant l'esprit, l'instruit, l'intéresse, augmente la somme des connaissances antérieures, et quelquefois ouvre des horizons nouveaux devant la pensée attentive.

# TABLE DES MATIÈRES



FIN DE LA TABLE DES MATIÈRES.

8817-87. — Corbeil. Imprimerie Crété.

www.ingramcontent.com/pod-product-compliance
Ingram Content Group UK Ltd.
Pitfield, Milton Keynes, MK11 3LW, UK
UKHW020324230726
13925UKWH00002B/608

9 782013 575386